尋
味
台灣74⁺
好食餐館

中衛發展中心
台灣美食推動服務團隊 著

U0024816

隨時代潮流精進的美食文化

近十幾年來，美食生活逐漸成為民眾關注的焦點，要吃得好，更要吃得健康，所以「該如何吃」，成為現代人最關心的事項之一。自小獲得母親教導的我，對料理自有一番研究，做菜，說難，倒也沒有那麼困難，但要做得讓人讚不絕口、回味無窮，那可就要有一套好工夫與點點滴滴的經驗累積；就好比開一家餐館，似乎只要有資金、店面，就可以當老闆，但要成為屹立不搖的人氣店家，除了基本條件外，更有著許多不為人知的堅持與辛勞之處。

《尋味。台灣 74+ 好食餐館》是由中衛中心美食小組所嚴選出的最優質且具有口碑的 74 家餐廳，全台北中南東各地皆有餐廳入選，除了有歷史悠久的經典老店，還有人氣連鎖餐館、融合在地食材的特色料理、令人懷念的北方小食……等，應有盡有；難得的是，在介紹餐廳特色的同時，也訪問了老闆或者重要主廚在創業階段及設計菜單的心路歷程，讓人了解到每一家成功餐廳的背後，都有一個用心經營的故事。此外，還請各店家推薦了必點菜，讓人可照書尋美食，一吃就吃到最美味、最合胃的菜餚，可說是本書很貼心的部分。

書中最讓人印象深刻的，是許多幾十年傳承下來的老店，除了保有原有的美好老滋味外，更精益求精，推出更多新一代的料理，讓古早味隨著時代潮流往前邁進；還有很多餐廳，在材料上有所堅持，若沒有滿意的食材，寧願不出餐，如此執著的態度，是這些店家穩定成長的必要因素。很開心能有這樣的一本書出版，不僅能讓消費者了解各地的美食情報，還可以感受到餐廳經營的用心之處，期盼未來的飲食環境能更趨完善，讓每個人都能品嘗到更多元的美食。

烹飪名師

鉅細靡遺的美食指南書

美食文章寫多了，難免常被問到：「能不能麻煩妳推薦好吃的餐廳？」仔細點的朋友會把目的、預算、以及希望類型告訴我，那還好辦；怕的是有些朋友心中完全沒想法，只回答我：「好吃就好了！」每次聽到這種答案，我還真是不知道該如何推薦才好。

拿到《尋味。台灣 74+ 好食餐館》這本書的書稿時，我眼睛一亮，這不正是能夠解決大部分朋友問題的一本好書嗎？《尋味。台灣 74+ 好食餐館》依照分類，將全台灣值得推薦的 74 家餐館整理得清清楚楚，不管想吃哪一類的食物，都可以從書中得到答案！

傳統小吃、道地台菜、無菜單料理的在地台灣味，是最適合招待外國朋友的餐館。各式各樣的異國美味餐館，讓味蕾偶爾享受不一樣的刺激也很過癮。多元新風味的餐館，常有著令人意想不到的創意與驚喜，為美食界注入一股新力量。

宴客喜慶餐館凝聚著親人好友祝福，透過道道精彩的美食，與生命中重要的人分享喜悅。來自故鄉的家鄉味，大陸各地的家鄉菜，令長輩們難以忘懷，拍案叫絕。

在坊間實在難找到第二本能把台灣餐館分類如此明確、又如此鉅細靡遺的美食書。想嘗點不一樣的美食，卻不知道從何找起？聚餐不知道該挑哪家餐廳才好吃？《尋味。台灣 74+ 好食餐館》肯定能幫你解決這個問題！

美食旅遊部落客　愛吃鬼芸芸

吃出台灣好味道

吃，一直以來都是民生大事；吃飽了才有力氣，吃對了才能健康，吃好了心情才會愉快。古早時，能夠吃飽已經是相當困難的事，更遑論要講究健康、心情愉快。如今，生活水平提高，吃已經不只是提供溫飽而已，提供吃最重要的餐廳更必須要能夠顧及味覺、視覺及心靈三重享受，才能成功吸引消費大眾的青睞。

中衛中心一直以來都是餐飲業者們與政府間的溝通橋樑。在一次又一次與業者接觸的過程中，中心同仁傾聽業者的甘苦，了解業者如何傳承過去、堅持現在、期許未來。業者的努力與付出，讓中衛中心的同仁看在眼裡，感動在心裡，發自內心，深切的希望在我們能力範圍內，幫助業者。除妥善運用政府資源，提供協助以外，更希望能盡一己之力，替辛苦的業者發聲，因為有這樣的想法，於是，促成了此書的出版，希望透過這本書的介紹，向消費大眾推薦值得我們驕傲的好餐廳，更希望消費大眾能不吝給予這些一步一腳印、將台灣的餐飲風情經營得豐沛精彩的業者們肯定與鼓勵。

一間好的餐廳，需要三好：「好人」、「好食」、「好店」，才能成就好的口碑。「好人」，指的是好的老闆、廚師及服務人員；「好食」，則是指好的食材及味道；而講究好的用餐環境的餐廳才能成為「好店」。書中尋訪的74家餐廳，都在這三方面投入相當大的心力和資源，相較於汲汲營營賺錢，他們更在乎的是客人的感受，對他們來說，用心經營、堅持美味、在客人心中留下美好回憶才是最重要的事。

本書命名為《尋味。台灣74+好食餐館》，顧名思義，就是要帶領讀者尋找屬於台灣的好味道，介紹台灣的好餐廳。此書共分為在地台灣味、異國夯美味、多元新風味、幸福頂滋味及家鄉好好味5個篇章。介紹的餐廳包羅萬象，各有其特色魅力，不論是經典樸實的台式料理、異國風味的獨家料理、魅力四射的創新料理、闔家歡聚的幸福料理，抑或是傳統家鄉的懷念料理，都值得讀者跟著本書尋訪品嘗。在品嘗這74個店家精心烹調的美味同時，更期望能透過本書，讓讀者進一步認識與認同台灣多元豐富的餐飲文化，也能夠拋磚引玉成為餐飲同業的借鑑，為台灣餐飲的未來投入更多的新能量。

中衛發展中心 董事長

不時不食，正時方食

隨著台灣餐飲的蓬勃發展，台灣的「軟食力」亦漸漸受到國外旅客重視，根據 101 年來台旅客消費及動向調查，吸引旅客來台及來台後對台灣印象最深刻、認為較好的排名中，美味菜餚都位居前三，由此可見台灣的美食不僅具競爭優勢且還能滿足旅客的期待。

從古至今，「食」就是大家相當注重的一環，「食」除本身就是字元外，以食為部首的字也有上百個，至聖先師孔子除談人生、論國事外，在飲食之道上亦有見解，主張「不時，不食」，即食物不當令、不該吃時，不去吃它，因為食物在產季時，不僅數量多，味道好，營養成分也處於最佳的狀態。

尤其在這資訊發達的年代，不論你想找哪個區塊、哪種料理、哪種類型的店家，打開電視就能看到美食節目；翻開報章雜誌都有店家報導；書店裡滿滿一排可按圖索驥之「必吃！必玩！」路線指引的參考書類；更不用說網路上林林總總的饕客網誌、心得留言等，到處皆充斥著美食、名店等資訊。

但想要在一片資訊海裡尋找到符合美味與健康，並兼顧人文藝術的餐廳，勢必得費一番心力。鑑此，經濟部商業司自 96 年起，推行台灣優質餐廳評選認證制度，評選基準除了需具備衛生、乾淨條件外，並以菜餚、服務與環境 3 項主要指標進行評比。評選以祕密客實地訪查的方式，確保評比過程之嚴謹與公平性。而評選出的台灣優質餐廳，將與台灣美食 Gourmet TAIWAN 標章結合，作為國內、外人士美食餐飲消費之絕佳參據。

中衛中心今年出版的《尋味。台灣 74+ 好食餐館》，除了有去年介紹的美食名店外，更增加了 101 年度評選出來的優質餐廳，料理種類更多元、餐廳資訊更豐富，這些餐廳無論是在菜餚、服務或環境上，都通過了祕密客們極為挑剔嚴苛的審查，相信亦能得到廣大讀者們的認可。中衛中心期盼藉由本書的揭露，能讓更多讀者們發掘出更多味美質佳的餐廳，並對始終堅持給消費者美味健康飲食的餐飲業者們，給予高度肯定和支持。

中衛發展中心 總經理　　蘇錦夥

目 錄

CHAPTER1
在地台灣味

CHAPTER2
異國夯美味

CHAPTER3
多元新風味

CHAPTER4
幸福頂滋味

CHAPTER5
家鄉好好味

CHAPTER 1

在地台灣味

台灣，小吃美食的精華聚集地。

傳統擔仔麵、魯肉飯、原民料理⋯⋯

融合現代的本土味與餐廳的用心經營，

成就出代表各地的美味。

青葉台灣料理

品牌變革　傳統台菜化身時尚

曾經在觀光客間流傳著：「到台灣旅遊，不到故宮、不吃青葉，不能算到過台灣」。台灣首家台菜餐廳「青葉台灣料理」，即將於 2014 年慶賀 50 歲慶，第二代接棒後，不僅繼續推廣國際市場，還將國內的台菜消費年齡層往下推廣，添加了年輕的新意與精緻時尚氣息，打造「AOBA」、「青葉新樂園」新品牌，讓吃台菜也成為新流行。

1964 年青葉餐廳初開業時，只有 6 張桌子，但在創辦人沈雲英女士的巧思和用心下，以台灣最早享有知名度的北投宴席料理為主幹，大菜小化，加上家常味，選用高檔食材，運用刀工、火候來提升台灣菜，成功吸引一批又一批外國觀光客造訪。

台菜推手，延續傳承傳統料理

民國 38 年後，隨著政府遷台的黨政要員及其隨行來自的官邸主廚，意外讓中國大江南北名廚在台灣聚集，當時八大菜系在台灣互相爭豔，但卻獨缺台菜，在北投酒家工作的沈雲英，因為自己喜歡吃，也愛做菜，認為台菜的滋味溫潤醇厚，怎會沒被發現？於是她選擇以北投酒家菜為主幹，用做宴席的手法，料理時令菜，希望能將台菜的真滋味發揚光大。

青葉位在中山北路一帶，早年此區夜生活較多，因此青葉開風氣之先在宵夜時段推出清粥小菜，搭配口感滑柔、鹹淡適中的菜脯蛋，以及豉蚵、蛤蜊、滷肉、紅燒豆腐、炸八塊等台式小菜，之後更是持續不斷的研發，陸續推出花枝丸、炒四絲、鮑絲銀芽、

金錢蝦餅、焗蟳……等兩百多種道地口味。而消夜時間之外，則是以酒家菜為主幹，擷取各菜系之長，融入各方家常菜，像是魷魚螺肉蒜、紅蟳米糕、桂花魚翅……，做得更精緻美味。

為了保持每道菜的口味做到位，青葉公關副理陳瑞欣說，青葉內外場員工最多曾達兩百多位，各司其職，分工很細，每位員工只負責一種工作，把自己發揮到淋漓盡致，才能保持一定的口味。光是煮粥或煮茶水一件工作，有人一做就是一、二十年。

走時尚風，台菜料理大變身

開業至今即將滿 50 年的青葉，最資深的員工有 45 年資歷，甚至於也有人父橡子，二代都在青葉服務，也有客人就是衝著這裡的好人情，來這裡用餐就有種家的感覺，備感親切。第二代負責人姚成璋，是沈雲英的乾兒子，從小吃青葉米長大，從日澳留學歸國接掌之後，第一步要做的就是提升台菜價值，把台菜年輕化，不只滿足於老客群，更要讓年輕人喜歡台菜。

姚成璋請專家進行民意調查後發現，現在的台灣人最喜歡吃自助餐，但目前尚未有台菜自助餐的餐廳出現，於是決定在華山 1914 文化創意產業園區的懷舊酒廠廠房，開

酒家菜

民國 50、60 年代的台灣，如果要聚餐吃飯，奢華一點的就會去「酒家」，北投就是當時酒家發展最盛之處。或許是因為經常有政商名流、達官顯要經常到酒家光顧，孕育出所謂的「酒家菜」，特點是常用鮑魚、魚翅、螺肉等高檔食材，且都是考驗主廚繁複做工的手路菜，如鮑魚穿翅、栗子甲魚、蛋黃大蝦等菜色，奢華、注重排場自然不在話下。

設「青葉新樂園──華山店」，採用台菜自助式的新飲食風格，強調傳承青葉各色招牌料理及宴席菜的精神，在中央現場烹調區就連佛跳牆、蚵仔麵線、現做的潤餅、切仔麵等道地台菜都吃得到；另一家花博店，更是大膽採用西班牙 Tapas 小酒館的概念，呈現台菜小酒館，也有主廚根據食材即興演出料理。這些努力都是為了吸引年輕人的目光及品味，培養能品嘗台灣好料理的有心人。

隨著現代人對於餐廳裝潢及氣氛的追求，青葉成立另一家姊妹店 AoBa 青葉台灣料理，由春秋烏來和台北商旅設計師擔綱設計，以時下最夯的色調，架構出時尚融合懷舊的路線。AoBa 的裝潢時尚，摩登中不忘傳統，走進餐廳內會有種身處夜店的錯覺。至於中山北路的青葉創始店，為了維持顧客的記憶感受，從菜色到裝潢，盡量保持原汁原味。除了用電腦點菜，老店的老滋味及傳統人情味最難忘，這也是青葉集團 3 個品牌，4 家分店希望傳承的特色之一吧！（青葉台灣料理各分店菜單會有些許不同，實際餐點以店內菜單為主。）

➡ 美味路標

🏠 台北市中山區中山北路一段 105 巷 10 號
☎ (02) 2551-7957
⏱ 11:30 ～ 14:30（最後點餐 14:00）；
　 17:00 ～ 22:30（最後點餐 21:30）
💲 平均消費 500 元
▭ 可刷卡
🌐 www.aoba.com.tw

老饕推薦

海鮮沙拉

青葉的海鮮沙拉，用整顆的干貝、大蝦、花枝各
種海鮮，搭配鮮蔬澎派上桌，誠意看得見。原本
屬西方菜式的沙拉，淋上中式醬料後，散發出醬
油的鹹與香油的香氣，氣味、口味都很特別。

烏魚子炒飯

烏魚子又稱為烏金，屬高級食材，這道烏魚子
炒飯最受日本客喜愛。選用東港烏魚子，東港
生產的烏魚子色澤金黃透亮、軟硬合宜，切丁
後以中火爆香，用本身的油香加上生菜、白飯
同炒，最後撒上蒜苗絲提味，每一口都吃得到
烏魚子的鹹香滋味，也感受得到海洋的風味。

佛跳牆

有閩南第一湯稱號，青葉的佛跳牆放了魚翅、
魚皮、赤身、冬菇、豬腳、蹄筋、豬肚、雞腿、
芋頭和栗子等山珍海味精華。先針對食材特性
先行處理過，再用老母雞熬煮湯頭 12 小時，最
後將所有食材放進湯頭裡蒸過。香氣濃郁、營
養價值高，但因做工繁複，食材又好，視享用
人數一盅 680 元起跳。

紅燒魚片

選用鯛魚片裹粉後油炸，再以香菇絲、白菜、
紅蘿蔔絲、筍絲等勾芡，淋上酸甜口味的五
柳汁，鋪陳出清新爽口的口感。這道菜沒有
魚刺，方便實用，營養均衡，頗能表現台菜
特色。

欣葉 101 食藝軒

飲食外交　老菜色新感動

台北 101 大樓的最高樓層 85 樓，欣葉全新打造「101 食藝軒」這個全新品牌，更在菜單裡安排了一道道如雞仔豬肚鱉、佛跳牆等等有故事可說的經典古早味，推薦給外國客人品嘗。把最有台灣味的料理，帶進 101 大樓裡，讓全世界都嘗到台灣的美味。

擁有絕佳視野的 101 食藝軒，為了與空間及美景相襯，欣葉把所有的料理都加以精緻化。其中，專屬菜色「如意九孔」，主廚顛覆傳統手法，把爽脆的高麗菜葉和九孔裹在一起，捲成如意的形狀，再搭配五味醬，成了精緻又不失台灣風味的美味料理。另一道碧綠干貝酥，把蒸了 2 個小時的干貝切成細絲炸酥，再放到青翠菜葉上，佐以菠

菜絲與馬鈴薯絲，像蝦鬆一樣用菜葉包起來吃，讓不少國外饕客印象深刻。

除了讓人驚豔的新式料理手法，菜單中更減少內臟類的料理以符合外籍客人的口味，而許多道地的台菜如佛跳牆、香烤烏魚子，也改以精緻的食器裝盛上桌，為餐點添了份高雅。如果打算宴請國外朋友，101 食藝軒也特別規畫了套餐，碗粿、潤餅、粽子等台灣獨有的風味小吃，只有在套餐裡才吃得到。

另外，也特別融入了原民文化，菜單上、包廂裡都以原住民的元素妝點，這份用心令人感動。101 食藝軒更新了台菜的風貌，既有創新的表現手法，也擁有傳統好味的技藝，希望讓到此用餐的外國朋友，都能因此感受到台菜的美好。

老饕推薦

欣葉冷三盤
以滷杏鮑菇、軟絲、蘆筍組成冷三盤，顏色、質地與口味搭配得剛剛好，西式的擺盤方式看起來雅致，吃進嘴裡，是懷念的味道。

魚翅佛跳牆
豐盛的佛跳牆是台灣宴席中不可缺少的要角，集結了所有高級食材的這盅湯品，雖以精緻小盅呈現，但是該有的食材一樣也沒少，美味也一點都沒變，吃起來卻更優雅。

美味路標

🏠 台北市信義區信義路五段 7 號 85 樓之 1（台北 101 大樓）
　　＊請從 101 辦公大樓門口進入（非購物中心入口），現場會有服務人員引導
☎ (02) 8101-0185
🕐 11:30 ～ 15:00；17:30 ～ 22:00
💲 平均每人 600 ～ 1000 元，套餐 880 ～ 3280 元
💳 可刷卡
🌐 www.shinyeh.com.tw

欣葉台菜創始店

經典台菜　給你媽媽的味道

───家吸引人的餐廳，不僅僅是菜餚的美味引人入勝這麼單純而已。這些美味還代表對自己生活的這片土地的記憶，每吃一口都回味著家的溫暖、媽媽的味道。「欣葉台菜」，就是這樣的一家餐廳。

翻開欣葉創始店的菜單，一道道記憶中的美味，讓人光是看到菜名就想起了味道。菜脯蛋、煎豬肝、麻油腰花、烏魚子、紅蟳米糕等等，從食材到烹調過程，都有學問。看起來又圓又飽滿的菜脯蛋，一定得選當天新鮮的蛋，才能烹調出鬆軟的口感；而菜脯，從洗切到脫水就得花上半天功夫，還得在鍋裡用小火持續不斷翻炒 3 小時，才擁有鹹度適中的美味。很受歡迎的煎豬肝，新鮮的豬肝買回來，第一道考驗就是師傅的刀工，必須每一片的厚度都相同，沾上薄薄的太白粉後，快速過油，再放進已把調味

都炒香的炒鍋中拌炒；調味中的紅糖，尚未完全融化的結晶在豬肝的表面慢慢熟化，連老外都愛吃。這些工夫都展現著欣葉對料理的堅持。

不只台灣人愛到欣葉重溫回憶中的美味，許多香港、日本、韓國的朋友們也都慕名前來，其中最資深的國外支持者就是日本旅客。而這個連日本人都愛的台灣味，遇到嗜辣的韓國客人時，欣葉會貼心的在桌上放上辣椒醬，出菜時仍舊以台菜的原味風貌呈現，讓客人還是能滿足來台嘗鮮的初衷。

這份服務態度，讓人嘴裡吃著熟悉味道，心情也跟著放鬆起來。每桌客人在離去時，臉上都掛著的滿足笑容，想必就是欣葉台菜的魅力所在吧！

老饕推薦

八寶紅蟳飯

肥美的紅蟳幾乎一年四季都吃得到，鮮美肉質不受時令影響，想吃螃蟹時，就點紅蟳吧。而鋪在底部，吸滿了螃蟹美味的米飯，是所有台灣人的美食記憶。

香烤烏魚子

過年時才會出現在餐桌上的烏魚子，欣葉料理出的口感是略略黏牙的奇妙滋味。這道你我熟悉不過的料理，也是不少外國旅客來店裡的主要目標。

煎豬肝

要把豬肝煎得上色又具有口感，著實不易。經過多道手續後，看起來不怎麼起眼的煎豬肝，散發著一股誘人的香氣，讓許多起初不敢吃內臟的外國人，一吃就愛上。

➡ 美味路標

🏠 台北市中山區雙城街 34-1 號（創始店）
☎ (02) 2596-3255
🕐 11:00 ～ 24:00
💲 平均每人 500 ～ 800 元
🖥 可刷卡
🌐 www.shinyeh.com.tw

鬍鬚張魯肉飯

不敗口味 路邊攤傳奇

魯肉飯是台灣民眾生活中再熟悉不過的餐點之一，其中擁有黃金比例魯肉飯的「鬍鬚張」，從路邊的小攤販，經過了五十多年，發展到今天的數十家直營店面，成了魯肉飯界的天王。

談到鬍鬚張魯肉飯受人喜愛的魅力，董事長張永昌說起一段故事，50 年前他的父親張炎泉先生經營賣魯肉飯、龍髓湯等小吃的小攤子，為家庭生計打拚時，得到當時黑美人大酒家主廚的指點，從豬肉部位的選擇到各種配方的調配，即知即行，用心改善。鬍鬚張的名稱由來，正是這位主廚到攤子前時喊出來的，而鬍鬚張魯肉飯的五星級美味以及名號也因而慢慢傳開。

五十餘年來，鬍鬚張的魯肉飯堅持採用最 Q 的豬頸肉製成，米飯也都選用新鮮採收的當期米；改變的只有從過去的家庭廚房，成了現在擁有 SOP 製程、現代化的中央廚房。

除了維持懷念古早味，更在 2008 年將位於寧夏夜市的創始店，重新打造出鬍鬚張美食文化館，把當年張炎良先生每天騎去採買的腳踏車放進店裡，壁紙與燈箱貼上代表台灣的大紅花布。一樓牆面上展示著各種古早器皿，並將器皿因長年使用產生的冰裂紋元素，運用在牆面裝飾上，除了標誌鬍鬚張的歷史，也呈現出台灣當年的生活況味，讓店裡的員工與客人，都能感受到鬍鬚張不忘本的心意。

老饕推薦

魯肉飯

採用口感最好的豬頸肉，切成長條肉絲，加上私房配料以小火熬煮 4 ～ 6 個小時，期間每隔 15 分鐘攪拌一次，濾掉多餘的油汁，才能有如此飄香的粹魯，搭配上粒粒分明的米飯，五十幾年來不敗的口味。

龍髓湯

取豬的脊椎骨的骨髓，以清蒸的方式烹煮，看起來清淡，但味道濃郁，是眾多老顧客最愛的湯品之一。

蹄膀

有富貴象徵的蹄膀，經過鬍鬚張特製的滷汁熬煮過後，顏色和香氣皆讓人垂涎欲滴，搭配專用的沾醬，入口更感覺肉質香 Q。

美味路標

🏠 台北市大同區寧夏路 62 號（寧夏店）
☎ (02) 2558-9489
⏱ 10:00 ～ 01:30（無公休）
💲 平均每人 120 元
▭ 不可刷卡
🌐 www.fmsc.com.tw

梅子餐廳

台中沙鹿　梅汁傳家菜

第一代經營者是了解海鮮的父親,很會醃漬梅子的母親,第二代則是負責海鮮採購的大哥,負責外場服務與對外聯繫的二哥,以及負責掌廚的小弟——一家人全心奉獻的餐廳,讓不少客人一吃成主顧,這份人情味,讓「梅子餐廳」與眾不同。

原本在台中港協助漁民載運魚貨銷售的父親,後來轉而延請大廚經營小吃,原本只懂魚貨不懂烹飪的父親,跟在大廚身邊,也習得一手好廚藝,還培養出一批忠實的消費者。店內招牌的梅汁類料理如梅汁白鯧等,就是老主顧們給予的建議,一推出就大受好評。第二代接手經營後,開發不少創意菜,但仍舊以家傳的海鮮料理為主,幾道用了媽媽好手藝的梅汁料理,成了別人學不來的特色,也代表著梅子和客人的情誼。

而在海鮮餐廳用餐，最豪邁也最考驗海鮮品質的吃法，就是生食類料理。在梅子餐廳裡，頂級刺參汆燙後立即冰鎮，讓肉質更加Q彈，淋上泰式醬汁，口感和味道都是一絕；而來自東石的活大蛤，剝開後也是立即冰鎮，淋上特調醬料，生猛海味讓人難忘。

如同大部分的海鮮餐廳，梅子餐廳有每天到貨的最新鮮海產，堅持誠實的料理，絕不偷斤減兩。接手經營的第二代三兄弟，一直以來秉持著父母親所堅持的一句話：「只做自己喜歡吃、敢吃的料理給客人」。於是，三兄弟各司其職，讓梅子餐廳，不只有自身的歷史淵源，有家人的情感，還有別的餐廳吃不到的濃厚人情味。

老饕推薦

梅汁白鯧
梅子餐廳的乾煎白鯧，淋上了老闆娘親自醃漬的梅汁，既創新又充滿人情味。細嫩的魚肉搭配上梅汁的微微酸甜，讓魚肉的鮮味更出眾，令人印象深刻。

三杯龍膽石斑
將切成塊狀的頂級龍膽石斑裹粉油炸，創造酥脆的表皮，再放進三杯鍋子裡燉煮，最後再綴上九層塔，魚肉鮮嫩，一推出就成為熱門招牌。

大蛤生吃
這道開胃菜是將活蛤蜊剝開後，迅速放入冰水冰鎮讓肉質緊縮，接著再淋上辣椒、洋蔥、檸檬汁以及獨家醬汁就完成了。一入口，舌尖馬上充滿百分之百的鮮味。

美味路標

🏠 台中市沙鹿區中山路 473-2 號
☎ (04) 2662-5365
⏱ 11:00 ～ 14:00；17:00 ～ 21:00
💲 600 ～ 1200 元
▭ 可刷卡
🌐 www.meidz.com.tw

日月潭 富豪群

水果入菜 繽紛的健康料理

日月潭的民宿富豪群主人夫妻,秉持著對美食的熱情及對食材的堅持,發想出讓人驚喜的水果餐。對女主人來說,美食不僅提供美味,還得吃得健康,因此絕對避免油炸類料理;其次,料理的美也來自於顏色,五彩繽紛的水果正是為每道佳餚上色的最佳顏料。

主人說,水果和食材的搭配,並非毫無根據。舉例來說海鮮類的食材,適合搭配帶點酸味的奇異果;風味濃郁的芒果、釋迦,則是南投名產香菇的最佳拍檔。他們選擇水果時,若非當季種類、品質好的水果不用,也因為主人夫婦堅持不願意拿品質較差的水果充數,所以水果餐無法有固定菜色。除了水果精挑細選之外,其他食材選購也抱

持同等嚴謹標準。豬肉，必須是當天宰殺的溫體豬肉、蔬菜也是選擇高山種；此外，也不忘在地食材的特色，餐廳裡的總統魚用清蒸方式烹調，味道鮮美，刺蔥豬肉使用的刺蔥，則是原住民常用食材之一。

優質的食材搭配美味及創意，就連外交部也曾在此宴請邦交國的元首。所以，快點揪朋友一起到美麗的日月潭來趟旅行，在富豪群享受南投才有的獨家料理吧。

老饕推薦

柑橘炒蛋

富豪群將炒蛋搭配橘子，而且用得還是茂谷柑做成柑橘炒蛋，炒蛋的滑嫩口感，和柑橘一口咬下流瀉出的酸甜果汁，創造新的味覺體驗。

水果涼拌透抽

來自主人的創意，以一圈圈的透抽圍著一片一片的奇異果，佐以涼拌手法讓透抽的彈牙和奇異果軟硬適中口感更顯層次，奇異果的微酸還能提出透抽的甜。

原味古式炭燒火鍋

使用煙囪銅火鍋，以炭火加熱。將近 20 種火鍋料中，只有貢丸和花枝丸是再製品，其他包括新鮮香菇、高山蔬菜、海鮮等，都是天然食材，可讓湯頭隨著熬煮時間增加更添風味。

美味路標

🏠 南投縣魚池鄉日月村水秀街 8 號
☎ (049) 285-0307
🕐 11:00 ～ 21:00
💲 平均每人 600 元，簡餐 240 ～ 300 元（加 10% 服務費）
🌐 fhsml.idv.tw

金竹味餐廳

來三合院 嘗古灶料理

金都餐廳在埔里成功的打響在地美食料理後,董事長林素貞回故鄉竹山開設「金竹味餐廳」,網羅南投的特色食材,打造另一個美食傳奇。

「金竹味餐廳」外觀是傳統三合院,用竹子、燈籠等傳統元素妝點用餐空間,裡裡外外充滿濃厚的台灣味。門口的發財金雞母,是依據紫南宮的金雞母特別訂製,讓客人沾沾好運,餐廳裡有一道菜就叫發財金雞母,特別和蛇窯合作打造金雞母陶鍋,把金雞造型的鍋蓋拿起來後,鍋內滿是豐盛食物,讓每桌客人吃得開心也沾了福氣。結合在地文化特色與食材,是金竹味餐廳的重要理念。

最特別的是,餐廳裡設置了放有大灶的「阿嬤ㄟ灶腳」,是阿宏師發現古早大灶熱

度不像現代化爐具般集中，因此許多熱炒料理的食材在鍋中拌炒時間較久，因而食材間的滋味更加彼此交融，為了重現原味，餐廳也會用大灶做料理。竹山最著名的筍子，主廚阿宏師向在地的阿嬤們請教，讓筍香封肉、筍香三寶飯等等傳統料理，美味上桌。此外為了顧及正統的風味，主廚取洋蔥、紅蔥和青蔥自製香氣四溢的三蔥油，把豬油使用量降低到三分之一，如此一來，有豬油的香味，又兼顧了健康。

竹山地區有個美食傳說，嘉慶君遊台灣時在竹山一帶遇到盜賊，平安脫險後，當地的羅員外送上紅番薯飯、竹筍爌肉等鄉土料理給他壓驚，讓吃遍山珍海味的皇帝也讚不絕口。到金竹味，就可以享受這些讓皇帝也折服的美味。

老饕推薦

發財金雞母與金雞蛋

用竹山地瓜、肉質有彈性的土雞，配合通天草，以炭火慢慢燉煮，重現農村的鄉土美味。加上創意與當地文化結合而生的金雞母陶鍋，讓這道料理好看也好吃。

阿嬤ㄟ筍香封肉

用大灶烹煮這道菜，因大灶受熱均勻、溫度穩定，肉質的鮮甜滋味不會因長時間慢火熬燉流失，還能吸收鹹香滷汁增加風味。搭配在地鮮筍一起品嘗，風味極佳。

🠚 美味路標

🏠 南投縣竹山鎮集山路二段 400 號
☎ (049) 262-2289
🕐 11:00 ～ 14:00；17:00 ～ 20:00
💲 平均每人 350 ～ 400 元，套餐 800 ～ 1200 元
💳 可刷卡
🌐 www.goldcook.com.tw

華味香鴨肉羹

台南新營　70年好味道

台南小吃名冠全台，有一個重要的特色就是都歷經數十年，有久遠歷史的老字號，「華味香鴨肉羹」便是其中之一。七十多年的老店，代代傳承，傳下好味道，也保留好人情。

華味香鴨肉羹在新營地區有4家分店，每家店根據商圈特性，規畫了專屬的裝潢風格。從台式的蛋糕小店、閩南式的紅磚建築、水岸感覺的空間到歐式的庭園，截然不同的風格，和有著悠久歷史的古早味鴨肉羹搭配起來，別具巧思。

而菜單中的鴨肉，不論如何烹調，吃起來皆軟嫩可口，除了料理過程中的獨家配方與真功夫外，更重要的是鴨肉的選擇。華味香與通過CAS認證的屏東太空鴨廠商合作，挑選生長大約80天、2公斤重的蘆鴨，再依據幾十年的經驗，嚴格檢查鴨子的運動量是不是足夠？健康狀況是否良好？通過檢查的鴨子，才能成為華味香的食材。

鴨肉羹之外，華味香更是把鴨子從裡到外，從頭到腳徹底的利用，做成一道道讓人口水直流的滷味。滷味是傳承自潮州南滷風味，由有五十餘年經驗的老師傅慢慢改良出的獨家配方，其中包含了純釀原味醬油、蔥、五香、八角、丁香等二十多種材料，味道順口而且不膩。另外華味香自製的蛋香意麵，加了大量雞蛋，香氣和口感都大大提升，相當值得品嘗。

在過去，華味香的客人習慣把啃過的骨頭丟在地上，一忙起來店裡地上幾乎布滿鴨骨，但從第二代接手之後，不只改變用餐環境，也將各種美味定量化，好讓這個難忘的古早味能夠順利傳承；直到現在，第三代已加入經營，但華味香的美味，仍和七十幾年前一模一樣，一點都沒有改變。

老饕推薦

精燉鴨肉羹

用了傳承 75 年的祖傳配方，以及鴨高湯煮成的羹，比想像中的清淡、甘甜，充滿鴨肉的原汁原味，卻一點也不油膩。不要再說台南料理總是偏甜了，這才是地道的好滋味。

藥膳醉鴨

這道獨步全台的藥膳醉鴨，是將鴨腿去骨後，浸泡在十多種中藥材和 6 種藥酒中製成，讓醉鴨充滿酒的香醇卻沒有刺鼻的酒味。入口 Q 嫩彈牙，人氣紅不讓。

花生豬腳

是郭家媽媽為了給孕婦客人補身子特別提供的菜色，採用豬前蹄及特級大花生，豬腳滷得透亮，花生吸附了油脂的細滑，入口香軟滑嫩，吃在嘴裡，暖在心裡。

➡️ 美味路標

🏠 台南市新營區長榮路二段 1020 號
☎️ (06) 656-9292
🕐 10:00 ～ 21:00
💲 200 ～ 300 元
💳 不可刷卡
🌐 www.amage.com.tw

台南度小月擔仔麵

傳承百年　以新意再現舊味道

一句「人客來坐」，以濃烈的人情味和實在的麵香滋味擄獲饕客味蕾的台南度小月擔仔麵，百年來傳承 4 代，彷若也成了台南的代表特色，到台南不吃一碗，像是沒來過。第四代接下煮麵大責後，更將這個老味道帶出台南，走到台北、跨進中國，開展新型態店鋪、端出新菜單，熱熱鬧鬧迎賓客，唯一不變的是度小月經典的擔仔麵煮麵區及堅持百年的好味道。

在人群熙來攘往的台北永康街，度小月 3 個字寫在有著微亮燈源的紅燈籠上，高高懸掛門邊，和周邊店家時尚流行的店門裝潢相較，沉靜的氣氛更吸引目光。店內裝潢結合東方元素與西方簡約格調，使用深咖啡與黑、灰色為基底，有中國象徵的紅燈籠點綴其間及重點燈光設計，營造出沉靜中帶有古典、時尚混搭的現代風舒適用餐氛圍，但用來烘托度小月傳承百年的「老」味道，似乎有種大大的衝突感。

其實這樣的新設計,是度小月第四代的巧思,以傳統為基礎,增添新意,呈現百年美食。不忘本的將「東方元素」融入設計空間,讓「old is new」成為度小月的時尚概念,在裝潢陳列、商品包裝和料理擺盤上,注入東方藝術的美感與巧思的創新設計,呈現出細膩精緻的視覺感受,讓度小月的印象走出台南,發展成有國際觀的餐飲指標。

家人齊心,各司其職傳承精神

度小月董事長洪貴蘭是第四代中的大姊,正領著各據專長的兄弟姊妹,傳承度小月的百年老字號。洪貴蘭回憶童年,爸媽每天夜裡 3 點就起床備料,夫妻一起手工做肉燥,爸爸炒餡、媽媽看火添材,精準掌握溫度,至少得花 9 小時才成就出度小月好吃肉燥。

而肉燥配方中最重要的紅蔥頭，也是媽媽手工處理後再經日曬做成，紅蔥頭的氣味嗆鼻，連鄰居都被熏走，從這些美食故事的背後不難想見油湯生意的辛苦。那時洪貴蘭放學後，就帶著弟妹們幫忙。用柴刀劈材，或幫忙剝蛋殼、蝦殼，貼罐裝肉燥標籤，操作壓灌器，只有除夕、初二、端午、中秋才能放假。直到後來有絞肉機後，才不那麼辛苦。但即使有機器代勞，該手工的部分還是人工處理，洪家祖先有明訓，對客人要誠信，做肉燥的步驟每個不能少。

度小月傳承到第四代，打破為了擔心家人不和睦而有的「傳媳不傳女」祖訓，第三代的觀念隨著時代改變，只要願意，不分男女都可以繼承。因此第四代兄弟姐妹全員齊心傳承，各司其職，大姊擔任管理職；大哥以中央廚房概念負責製作肉燥，也開始研究清淡、養生但口味不變的湯頭；么弟則負責行銷設計，融合歷史文化創造出度小月的新意。

祖先明訓，誠信原則提供美味

目前在台灣的 5 家分店，從台南的中正路的度小月老號、台南 101、忠孝店、永康店到桃園航廈店，風貌各異，有傳統風、現代風、奢華風……，唯一不變的是店內那處矮矮的煮麵區、煮麵的竹杓子，還有那一鍋鮮香肉燥，而在台南老號裡，還見得到一只百年老鍋，見證度小月 118 年歷史。

度小月的名稱由來

度小月有個讓人津津樂道的故事，百年前清光緒年間，第一代洪氏芋頭公，曾向福建漳州老鄉學到麵食煮法，移民來台後，他繼承祖業，以捕魚維生，只是台灣夏秋多颱風，遇上無法出海捕魚的天氣時，就挑起擔子到台南水仙宮廟前賣麵，所以稱為「擔仔麵」。因為賣麵是捕魚淡季的替代工作，所以便取名「度小月」。

店裡不用現代化、訴求簡便快速的煮麵機,而是堅持百年傳統,以竹杓子盛載麵體,一碗一碗,現點現煮,洪貴蘭表示這樣麵條的中心溫度最理想,不會馬上降溫,可以保持好口感。同時延續第一代傳人的堅持,用在地食材。除此之外,因為如永康店、航廈店都會有外國旅客,度小月還特地把台南老店小吃聚集在店裡,讓饕客一次就能嘗到台南的道地風味。

菜單上的台南芋糕,是由台南本店做好後,新鮮急速冷凍送上台北。選用個大軟Q、香氣濃郁的大甲芋頭,削成籤狀,加上私房比例的番薯粉,蒸熟後淋上度小月的肉燥,芋香四溢,吃得到芋頭的鹹Q。另一道清蒸蝦仁肉圓,用度小月的肉燥、台南的蝦子,包裹在嫩Q外皮之間,以炊蒸的方式調理;七股很出名的虱目魚肚,則善用原有的魚油,用烤的,讓魚油自然滲到魚肚裡。

度小月歷經百年的歷史,菜色味道的堅持是一定要的,也因此才能屢獲客人青睞,成為感動的滋味。

 美味路標

🏠 台北市大安區永康街 9-1 號(永康店)
☎ (02) 3393-1325
🕐 11:30 ～ 23:00
💲 每人平均 150 ～ 500 元
▭ 可刷卡
🌐 www.iddi.com.tw

老饕推薦

擔仔麵

度小月的擔仔麵特色在於肉燥裡沒有肥肉，以豬後腿肉，加上道地的台灣紅蔥頭爆炒，與獨門配方長時間慢火精燉，味道香濃強烈，佐以甜蝦頭熬成的高湯，就是至今傳承 4 代的老味道。

烤虱目魚肚

在台南，虱目魚肚有很多吃法，加了薑絲做成湯，或者烤魚肚也很受歡迎。度小月每日採買新鮮嚴選的台南七股虱目魚，耗工除刺後，撒上主廚特製胡椒鹽，去除腥味，將虱目魚的風味提升至極至，淋上檸檬汁後品嘗風味更佳。

香酥蚵仔酥

選用台南安平的新鮮蚵仔，完全不泡水，直接裹粉後下鍋油炸。外表酥脆，蚵仔多汁，吃得到鮮甜原味，讓人不禁一顆接一顆，很順口。

龍蝦卵河粉捲

以河粉夾著海苔作為外皮，鋪上龍蝦卵、蘆荀、肉鬆、水蜜桃、生菜等配料後捲進，好似日式壽司。入口外皮 Q 彈，龍蝦卵入口啵啵啵的奇妙口感，給人特別的感受。

周氏蝦捲

總鋪師功力 美味小吃的巔峰

台南經典小吃之一「周氏蝦捲」，好味道傳承五十幾年，近年來更廣納台南小吃，推出台南小吃國宴，將台南小吃的美味，推向另一個巔峰。

創始人周進根先生原本是總鋪師，工作之餘和太太做起小吃生意，靠著總鋪師的好手藝，客人源源不絕，其中小吃之一的蝦捲，更意外成為食客的最愛。周氏蝦捲特別選擇台南特有的肥美火燒蝦，每公斤 100 尾的新鮮蝦子，每一尾蝦都體型碩大，料理起來肉質多汁，既鮮且脆。而蝦捲外圍的裹粉，添加了鴨蛋調製，油炸過後更有股獨特的香氣，小小一條蝦捲，吃起來口感、風味層次豐富，難怪可以風靡 50 年。

同樣的堅持，也呈現在搭配擔仔麵與魚鬆飯的肉燥上。為了配合麵條、白飯不同的口感，堅持選用不同部位的肉品，製作 2 款肉燥。多虧這些總鋪師創始人留下的料理堅

持，才能享受到這傳香多年的好味道。第二代接手經營後，除了現代化的管理模式，菜色上面也有創新與拓展。除了傳統的蝦捲，具有在地特色的白北魚羹、擔仔麵、虱目魚湯、蝦丸湯之外，更研發出獨家口味的花枝丸，以及每一口都充滿海洋氣息的黃金海鮮派，讓老店有了新的創意，新的口味。

除此之外，對於台南小吃，周氏蝦捲也有著一份使命感。第二代經營人周志峯在 2004 年，便將所有的台南小吃集合起來，規畫成桌菜方式呈現，諸如：炒鱔魚、棺材板、虱目魚丸湯、安平港蚵仔煎、烏魚子、處女蟳米糕等等。堅持在地的最新鮮食材，加上師傅的好手藝，一道道傳統的台南美味輪番上桌，就怕你吃不完。

老饕推薦

周氏蝦捲
新鮮的火燒蝦搭配上等豬絞肉、魚漿、芹菜與蔥等材料，充分攪拌成餡，經過高溫油炸後，包裹餡料的豬腹膜，融化的油脂再滲入內餡，酥香的口感、豐富的風味，讓人難以抗拒。

周氏蝦丸湯、魚丸湯
香脆的蝦丸、新鮮虱目魚製成的魚丸，都是每天手工現做，並且經過師傅親手「摔」過以及冷熱水過水後，才有這一顆顆Q彈、咬勁十足的丸子，是搭配各個小吃的最佳夥伴。

 美味路標

🏠 台南市安平區安平路 408-1 號（總店）
☎ (06) 280-1304
🕙 10:00 ～ 22:00，無公休日
💲 平均每人約 120 元
💳 可刷卡
🌐 www.chous.com.tw

府城食府

精華匯集　盡享古都好料理

位在台南永華路上的「府城食府」，是目前全台唯一匯集台南府城在地百年飲食料理的餐廳，運用台南特有食材，如西瓜棉、鳳梨豆醬、鹹水吳郭魚、蚵蝦……等，將幾已失傳的酒家菜、擔仔麵、胡八切、現撈海鮮等百種地方傳統料理，一一上菜。

自古被稱為府城的台南，曾是全台政治、經濟重鎮所在，「一府二鹿三艋舺」即反映著台灣繁華歷史由南往北發展的軌跡。也因為人口聚集與歲月的累積，孕育出許多府城獨有的民俗文化與特色，最有名的就是府城料理。

台南小吃，名聞遐邇。事實上，從早期因農民而有的在地小吃、因商業繁榮而生的酒家菜，發展出的府城料理和小吃同樣精采豐富；從一道道的菜餚中，像是紅蟳米糕、韭菜蚵仔湯、魚肉西瓜綿……等，都能讀到台南特有的人文風情，這可就是台灣其他縣市傳統小吃和料理所望塵莫及的飲食文化。

回味傳統，從裝潢重返昔日時光

府城食府董事長李日東，是土生土長的台南人，很熱愛且珍惜台南在地文化。為了讓在地人或到台南遊玩的外地人，有機會了解台南特有的飲食文化，才打造府城食府，找到台南古早料理的傳人擔任主廚，烹調出正宗台南料理，標榜「傳承百年飲食文化，珍藏府城古早味」，吸引國內外饕客。

走進府城食府，就像經過時光隧道般，來到往昔的台南。店門口是站著身著古裝、攜著長棍的城門衛兵，擔任迎賓接待，餐廳內則有穿著清末民初的馬褂與小鳳仙裝之服務人員；接待大廳一尊鄭成功騎馬像，開展台南文化的軌跡，這裡還有國家薪傳獎得主陳啟村製作的插有兩支劍的石雕劍獅、名家呂世仁製作的交趾陶作品與台南名家製作討喜的八仙彩，懷舊氣息濃厚。

用餐區仿古包廂以小東門城、小西門城、小南門城、小北門城、迎春門、鎮海門等命名，包廂內牆上則張貼著荷蘭人繪製的安平古地圖、明鄭時期的台南府城地圖等；也運用格子窗、八角燈具等擺設元素，象徵府城民初大宅門之空間情境，裝潢設計的企圖，似乎想藉這些元素讓客人可以快速勾勒出屬於台南的歷史年代印象。

品嘗傳統，從食物穿越時光隧道

除了在環境元素上刻意重現府城昔日情境，在餐食上，強調的則是匯集了台南特色小吃之料理菜色，像是一網打盡般，蒐羅了蚵仔煎、擔仔麵、炸蝦捲、芋籤粿、胡八切、現做狀元糕、手工豆花等等，推出酒家菜及早期總舖師的古早手路菜辦桌料理系列，

特別的桌邊服務

和多數餐廳一樣,為了強調食材新鮮度,府城食府的海鮮種類繁多,且都是活生生的放養在水箱中,供客人選用。不過最討喜的還是肩挑叫賣擔仔麵的桌邊服務,直接將攤子扛到桌邊幫客人現煮一碗熱騰騰的擔仔麵;還有現場製作的手工豆花,推車到桌邊,現場舀給客人食用;而現做的狀元糕,熱呼呼的,也很受好評,這些桌邊服務以實境秀的方式,重現 40、50 年代府城常民文化生活。

如西瓜綿魚頭湯、雞仔豬肚鱉、筍乾封肉、蜂巢蚵……料理等等，不用東奔西跑，在這裡就可以一餐吃盡全台南美食。

特別一提的是，主廚蔡國安師出名門，來自台南 60 年代以酒家菜著稱的太子海味樓，因而熟知酒家菜。因為做工繁複，耗費時間，酒家菜幾已失傳，雖然如此，蔡國安還是透過摸索，在府城食府還原出古早有錢人在客棧宴客之「酒家菜」製作技巧。

其中，最大的特點就是使用在地食材結合地方特色料理，並沒有特定的做法或是風格。像是蔡國安拿手的「蜂巢蚵」，樣貌酷似日式天婦羅，考驗的是油溫和速度的拿捏；另一道總鋪師的手路菜──「雞仔豬肚鱉」，是在豬肚裡填雞、去骨的雞身裡塞鱉，呈現出肚中有雞、雞中有鱉的樣子，上桌後以剪刀剪開豬肚，讓食材一一呈現。府城食府重新讓酒家菜上桌，讓遊客可以透過食物，認識台南料理及文化。

 美味路標

🏠 台南市安平區華平路 152 號
☎ (06)295-1000
⏱ 11:00 ～ 14:00；15:00 ～ 21:00
💲 開胃冷盤 120 元起、懷舊菜餚 100 元起
💳 可刷卡
🌐 tncr.dondom.com.tw

老饕推薦

蜂巢蚵

用的是在地台南七股鮮蚵，外觀如蜂巢密麻交織，鮮蚵與洋蔥、青椒絲等多種蔬菜和麵糊混合油炸，密着於圓狀餅中。這道菜難在油溫的掌控，若是過熱，偏黑而賣相差，若火候不足，口感的酥脆度就會不夠且油氣重，可謂功夫菜。

擔仔麵

這道小吃蘊含著台灣人民勤奮精神，是到台南必嘗的傳統美食。府城食府的擔仔麵的湯頭結合大骨湯和蝦湯，加上慢火精燉的自製肉燥，麵條 Q 彈細嫩，入口富有嚼勁，搭配的白蝦口感扎實。

炸醋蝦

極其費時費工的早期酒家菜代表，蝦肚要劃開填入多種蔬菜切絲當餡料，再透過蛋汁澆淋將蝦攏為一盤，經油炸、乾煎而成，最後淋上糖醋醬。滋味酸甜，十分下飯。

魷魚螺肉蒜

是日據時代官商招待最具代表性的酒家菜。將螺肉湯做湯底，阿根廷魷魚提香氣，以傳統手法先爆香，再下湯頭，與蒜苗、魷魚、螺肉同炒，料理過程中將海鮮的海味完全烹煮出來，是道特別的料理，一般餐廳難見。

阿霞飯店

吃在台南 深植人心的手路菜

台南阿霞飯店，從路邊攤開始到現在，不管形式為何，都堅持使用在地好食材，以最用心的態度端出一道道手路菜，吃得出台灣的味道，也吃得到對台灣的情感。過去，更曾讓蔣經國總統率著眾家官員下鄉用餐多達 3 次；重視生活的林語堂先生也曾親自來品嘗阿霞的美味佳餚。

四、五十年代的阿霞，是台南最負盛名的餐廳，諸如紅蟳米糕、豬肝捲、蝦棗等家常菜，以及路邊攤時代的招牌菜──蟳丸、粉腸、醃腸熟肉等，幾乎是每桌的必點菜。偶有宴客需求的客人，阿霞也能端出紅燒大排翅、做工繁複費時的雞仔豬肚鱉等等大菜，讓阿霞飯店一度成為宴席菜的代表。而讓饕客最著迷的烏魚子，取自每年產季品

質最好的烏魚子，直接在自家的頂樓曬太陽。端上桌的烏魚子都是當天手工炭烤，飄散出來的香氣，更成了阿霞飯店的另類味覺招牌。

傳承至今由第二代經營，除了氣派的宴席菜，也隨著社會變化，設計了分量較為精巧、適合三五好友小聚的菜餚。第三代吳健豪加入經營後，更增加服務專業與菜色精緻度。而台灣的人情味也在服務態度上完全展現，服務人員能按照客人的喜好，推薦讓大家都滿意的料理。即便是外籍觀光客，阿霞飯店也如對待朋友般，針對各國不同的口味做些微調整，讓外國客人能更自在的品嘗百分百的台灣味料理。

老饕推薦

烏魚子
阿霞飯店每天現烤的野生烏魚子，不僅美味，還別具意義——在過去的年代，烏魚子是只有過年才會出現的料理，象徵著團圓，也象徵著富足。

薑絲花跳魚湯
花跳魚就是野生的彈塗魚，阿霞飯店用薑絲和酒就能將野生彈塗魚的鮮味完全展現，不論是鮮嫩的彈塗魚肉或是湯頭，都會讓人上癮。

紅蟳米糕
和花生、香菇、干貝絲一起蒸得香噴噴的米糕上，排著2隻肥美的紅蟳，是餐廳內的宴客必點菜，只要一端上桌，除了美味更多了氣派。

 美味路標

台南市中西區忠義路二段 84 巷 7 號
(06) 225-6789；(06) 222-4420
11:00 ～ 14:00；17:00 ～ 20:30
平均每人 600 元以上，桌菜 6500 ～ 13000 元
（加 10%服務費）
不可刷卡
www.a-sha.tw

米巴奈山地美食坊

專利美食　豐沛創意發揚原民佳餚

美食佳餚也能申請專利？答案是肯定的。台東米巴奈山地美食坊老闆林耀輝，為了提升原民美食的質量，同時避免因仿冒造成菜色味道失真，於是為自家創意菜色申請專利。繼第一道「烤春筍」取得 10 年專利權後，第二道特色菜的專利權也已進入公告階段。

即便在台灣大都會地區，能自豪的說一定得預訂才有位子的餐廳，著實不多吧！更遑論在台東，但以原住民餐為特色的米巴奈山地美食坊，卻一直如此叮嚀饕客，得事前預訂才來，以免桌滿敗興而回。

米巴奈山地美食坊老闆林耀輝，開店 10 年來，依季節食材發想，運用在地食材，加上豐沛的做菜點子，累積 200 道各式創新原民特色菜餚，頗受中外饕客青睞，許多巨星和知名政治人物，都曾是座上客；林老闆強調，到米巴奈吃飯，不要預設立場，以平等的心態，放鬆心情享受美食。前總統李登輝更在掛盤上題字「誠實自然」，道盡林老闆開餐廳秉持的原則——很特別、很平價、很乾淨、很誠實。

看盡人生，因餐廳走出另一番精彩

滿腦子美食點子的林老闆，原本是台東政壇大老。2003 年時三度中風，面臨生死關頭的他開始思考「人生到底為了什麼？」於是，他決定接下來的歲月要為自己而活。但即使不再從政，林老闆仍對家鄉有使命感，一向注重生活品味的他，自覺懂得吃，於是選擇以原住民料理為主題開餐廳，花了一千多萬從租地、蓋餐廳、裝潢到設計菜單，一手包辦，希望開一家漂亮度媲美台北都會的餐廳，掃除一般人對原住民餐飲簡陋的印象。

走進米巴奈山地美食坊，看到的是寬敞明亮的用餐空間，捨棄以雕刻、刺繡等原住民圖騰裝飾環境，而是邀請當地的農夫素人畫家，用畫筆描繪出原民豐富生命力。牆上中央的大掛畫，是原住民婦女手拿稻穀慶祝豐收的歡樂情景，呼應「米巴奈」名稱來自阿美族語中割稻、豐收的意涵。周圍還有婦女滿懷稻穗、身著傳統原民服飾的少女、原民慶典及部落風情等，幅幅栩栩如生，透過圖畫分享原民文化特色。

桌上擺設的鈴蘭花餐具組，發想自老闆到法國旅行時，聽聞鈴蘭是「擁有幸福」的象徵，每年 5 月 1 日法國人有互贈鈴蘭互祝一年幸福的習俗。開餐廳時，就自行設計鈴蘭花餐具組，再請鶯歌陶瓷窯廠燒製，讓客人享佳餚之時，也能感受幸福。更希望藉此提升一般人對原住民印象，也是貼心、細心的。

精緻菜餚，享受獨特美食

用心建構用餐氛圍之外，對於餐飲業首重的環境衛生更是講究。所以廚房設備、用具每二天刷洗一次；刀具依用途區分，避免細菌孳生；廁所每天清理數次，乾淨無味。唯有乾淨的用餐環境，才能讓客人吃得安心。

此外，老闆和廚師們更認真的將原住民食材加以變化，研發出獨特美食。像是秋葵，一般吃到的口感是黏黏的，但在米巴奈是將之汆燙，送上桌給客人時再當場刷上玫瑰鹽，透過技術及火候的掌握，入口感受到的是香脆口感。會以如此手法料理，是基於對食材的充分了解，因此用簡單的方法烹調，不須用太多調味料，不須過度擺盤，呈現出原始、自然的風貌。

近 200 道菜色，都是林老闆和廚師們共同試菜研發，只要發現被其他餐廳模仿就會立刻除名，避免模仿的菜味道失真，反而傷害這道菜。餐廳也雇用隔代教養家庭的奶奶協助採野菜，不但幫助弱勢家庭謀生，也可以保證有新鮮野菜，一舉兩得。這樣有個性的性格，也反映在待客之道上，林老闆平時待客親切，但遇到態度傲慢或是無視他人存在大聲喧嘩的客人，他也會不客氣將其列入黑名單。因此來到米奈巴，請安心享用特色原民餐，盡情品嘗菜的原味！

美味路標

🏠 台東縣台東市傳廣路 470 號
☎ (08) 922-0336；(08) 922-0407
⏱ 11:30 ～ 14:00；17:00 ～ 22:00
💲 10 人桌菜 3000 元起
💳 不可刷卡
🌐 www.mibanai.com.tw

老饕推薦

烤春筍

烤春筍是林老闆最引以為傲的菜色，還為這道菜申請取得專利權，是當店僅有。選用與雲林土庫農會契作玉米筍（baby corn），包覆上霜降級五花肉，火烤時僅刷鹽巴水。鮮、香、嫩程度自然不在話下。

山地飯

鋪在月桃葉上上桌的山地飯，結合 10 號圓糯、9 號梗米和 57 號蕃薯，以梧桐木蒸出米香，特別的是，米是用老闆自己的管理方式栽種出的，搭配醃過後烤的鯖魚，鹹香飯 Q，捏成團入口越嚼越香更好吃。

紅麴烤土雞

米奈巴的土雞是以地瓜藤和牧草剁碎後餵養，養出來的雞肉自然鮮甜。大廚將土雞先用紅麴醃過後，用柴火烤香做成紅麴烤土雞，色澤鮮亮，雞皮脆度也夠，不沾醬都好吃。

麻燒雞

選用土雞雞腿，剁成塊狀後，使用老闆尋訪到彰化二林的小型麻油廠，遵循古法製作的上好麻油，醬油和高純度的白蘭地為醬底炒出的。白蘭地香氣濃郁，薑片也得煸得香，各種調味搭配下，讓雞肉吃起來更鮮嫩夠味。

芭達桑原住民主題餐廳

八里左岸 道地原民料理

常有人說，要了解一個文化，最直接的方式就是從吃著手。如果想要深入了解原住民文化，除了親臨部落之外，也可到位於八里左岸的「芭達桑原住民主題餐廳」，透過吃，來了解原住民的生活，體驗屬於原住民的山林野味。

芭達桑就在八里的觀海大道上，巨型的木雕和原木風格的門面，讓人有來到部落的感覺。而走進餐廳內，從桌椅到樓梯全都採用木製，大量的木頭元素，散發著大自然感；店裡也有各種代表不同原住民族的裝飾或圖騰，十足原民風。既是原民餐廳，原住民專屬的食材絕對少不了。泛泰雅族常用的馬告，又名山胡椒，類似檸檬草的香味，放進料理中香氣逼人，可拿來蒸魚、煮湯，甚至煮咖啡。另外，阿美族最喜歡的香料刺

蔥被用來做刺蔥煎蛋，香氣比青蔥更強烈也更夠味。還有達悟族的代表——飛魚，做成飛魚小炒，飛魚 XO 醬、馬告飛魚炒飯。

芭達桑原住民主題餐廳，目前主要經營者是賽德克族人，服務人員的制服、原民器具的展示，都是以賽德克族為主。但為了能將各族群美食傳承下來，仍盡力把各個原民族群的特色與文化安排在菜色中。在烹飪手法上，芭達桑將烤雞產生的雞油，拿來當作炒菜類的調味，如此一來，便可以捨棄味精或其他非天然的調味料。想必是這個料理小祕訣，讓芭達桑不論是不是用餐時間，都有著要大啖原民美食的饕客。

老饕推薦

桶子燜放山雞（需事先預訂）

使用 3 台斤重放山雞，以鹽和米酒按摩後，經過 45 分鐘的燒烤，外皮酥脆，帶著燒烤香味的雞肉鮮嫩多汁。服務人員會在桌邊把雞肉片下，可以同時欣賞俐落刀法和烤雞美味，是每桌必點的招牌菜。

黃金脆皮乳豬 （需事先預訂）

想體驗百分百原住民的山林野味，一定得預約脆皮乳豬，最受歡迎的是肉較多的豬後腿。口感結實的豬肉，不柴也不油，烤的金黃的豬皮，香脆不油膩。

➡ 美味路標

🏠 新北市八里區觀海大道 111 號
☎ (02) 2610-5300
⏱ 10:00 ～ 22:00（出餐時間 11:30 ～ 21:00）
💲 平均每人約 400 ～ 500 元
▭ 可刷卡
🌐 www.badasan.com.tw/bin/home.php

宜蘭渡小月餐廳

美味傳承 宜蘭菜最佳代表

說起位於宜蘭的宜蘭渡小月，在地人絕對會豎起大拇指，因為它儼然已成為傳承宜蘭菜色的代名詞。而對外地人或觀光客來說，要品嘗如鴨賞、糕渣、西魯肉等道地的宜蘭菜，第一個想到的也是宜蘭渡小月。

宜蘭渡小月成立於 1969 年，第四代掌門人陳兆麟師傅，自小就跟在廚房裡學習，20多歲時主動到處參加料理比賽，藉著比賽觀摩其他廚師的創意，也學習經驗，致力於菜餚的研發與創新。如今，陳師傅也如此鼓勵著店內年輕師傅，藉著比賽來累積料理經驗。宜蘭渡小月沒有固定菜單，服務人員都會給予專業的點菜建議，大家熟知的鴨賞、膽肝、棗餅、糕渣、西魯肉都是經典菜色。其中，糕渣源自於老祖先的料理智慧。

從前沒有冰箱，食物貯存不易，烹煮雞鴨豬肉等產生的高湯，靜置凝固後，隔天便切小塊裹粉下鍋油炸做成糕渣。陳兆麟說：「糕渣外冷內熱，就跟宜蘭人一樣。」原來，食物也能展現在地人的樸實特性呢！宜蘭渡小月的另一招牌是杏仁豆腐，原料只有杏仁豆和牛奶，按古法釀造，來自杏仁的自然濃香，吃起來軟Q細綿，加上清爽的甜湯，是結束一餐的最完美甜點。

現在的宜蘭渡小月，三層樓空間裡，一樓供應小吃與餐點、二樓是喜宴會場、三樓則提供創意套餐，對於美學有獨到眼光的陳兆麟，將自己從各地蒐集來的字畫、雕塑藝術品等等陳設在店內。有著傳統美味、時尚環境，加上老闆娘親切的笑容，在宜蘭渡小月用餐成了最溫馨的用餐經驗。

老饕推薦

傳統糕渣
酥香的外皮，包裹著熱燙燙的內餡。充滿海鮮餡料的宜蘭渡小月糕渣，不只有海鮮的美味，更有著不同的口感，宜蘭專屬的傳統小吃，錯過可惜。

洋蔥鵝肉魚肝醬
鵝肉先油煎再蒸煮，最後冷凍，直到鵝肉結成冰狀才能切薄片，搭配主廚特調醬汁與鮮嫩不油膩的魚肝，本店招牌之一。

八寶芋泥
冒著煙的八寶芋泥，綿密的口感中帶著鴨蛋的香氣，傳統的甜點，一定能喚起小時候的美味記憶。

 美味路標

🏠 宜蘭縣宜蘭市復興路三段 58 號
☎ (03) 932-4414；(03) 931-4688 ～ 9
🕐 12:00 ～ 14:00；17:00 ～ 21:00
💲 合菜與單點皆可，平均每人約 500 ～ 600 元
💳 可刷卡

掌上明珠

以客為友　懷石養生料理

在宜蘭壯圍鄉，過去曾經是稻田的土地上，幾年前出現了一家以創意養生懷石料理為訴求的餐廳「掌上明珠」，精心設計的庭園讓人心曠神怡，餐廳還設有以台灣茶品為主的茶館，用來推廣台灣好茶。

掌上明珠以無菜單形式的懷石料理來規畫餐點，菜單完全取決於當令食材，因此每個月都會因應時令更換一次菜色，除了考驗師傅的創意、饕客的品味之外，其實也是回歸在地、順應自然的最佳表現。經典的招牌生魚片，魚貨全部來自宜蘭當地的 2 個漁港，可以確定的是，當季最新鮮的美味一點也不打折。而選擇以懷石料理的方式呈現，除了料理方式健康又養生之外，更滿足了用餐時的視覺美感，不僅僅是認識台灣在地食材的管道，還具有美學的價值。餐廳裡，盛裝所有美味佳餚的餐具器皿，都出自宜蘭在地陶藝家李宗儒之手，如此美食與藝術的結合，更是來這裡用餐的最大享受。

此外，餐廳的另一項靈魂，現場的服務人員，在掌上明珠也有獨特的要求。他們必須學習書法、插花與茶道，不單單只是服務客人的層面需要擁有這些知識，而是唯有透過自身的學習，才能領略到其中的奧義，也才能與前來用餐的客人分享。因此，書法字跡的菜單，是員工們親手寫的，端上桌的精美佳餚，員工們也都嘗過，二樓茶館的每位員工也都深諳茶道，可以帶領你進入品茶的世界。

想要擁有如此有質感的用餐體驗，請記得先預約，以款待朋友心意出發的服務人員，會親切的與你溝通菜色上是否需要調整，你可以大膽的說出你的各種飲食原則或禁忌，因為都可以在這裡得到滿足。

老饕推薦

生魚片
是掌上明珠的招牌菜色，選用來自在地漁港的新鮮魚貨，經過師傅擺盤的創意與精湛的刀工，成就了這一盤美觀又美味的生魚片。

稻穗
員工用鐮刀親手收割回來的稻穗，曬乾儲存，經過師傅的創意，下鍋油炸後，形成像是爆米花般的口感，隱含著老闆希望大家明白稻農辛苦的深遠意涵。

➡ 美味路標

🏠 宜蘭縣壯圍鄉美城村大福路二段 102 號
☎ (03) 930-8988；(03) 930-8989
🕐 11:00～22:00，採預約制（除夕及員工旅遊日公休）
💲 套餐為 1500、3000 元，素食 1200 元；二樓茶館低消 350 元（加 10% 服務費）
💳 可刷卡
🌐 www.formosapearl.com

麟手創料理

新台灣菜 人生的各種滋味

宜蘭料理世家陳兆麟師傅在宜蘭渡小月成功打響宜蘭菜的知名度後，覺得台菜有太多美好與文化，應該好好發揚讓全世界都看到，因此創立「麟手創料理」，以父親給予的名字「麟」為餐廳命名，代表著傳承與開創並陳之意。

陳兆麟認為，用全新的方式來詮釋台菜不等於全部翻盤，而是透過如擺盤上的創新或是增加新的元素等等，在傳統中尋找新意。在套餐的設計上，加入了藝術的元素與人生的體悟：屬於前菜的「因果」，呈現出酸、甜、苦、辣 4 種味覺的開胃前菜，道盡了人生的各種滋味；湯品則取名為「煉」，代表著熬湯過程中的熬煮，也象徵著你我人生中的各種試煉。伴隨著服務生的解說，吃完這頓飯好像也能多看清一點人生的選擇與際遇。

除了精心安排菜單，空間的營造、食材的精挑細選到器具的選用……每一個細節都重視；盛裝料理的陶作器皿，是陳兆麟的陶藝家弟弟陳兆博的創作，完美展現陳兆麟想要讓台菜呈現得更精緻、更時尚的概念。空間設計上也採用陳兆博的陶藝作品，餐廳內外白色陶磚上的圓圈，就像是漣漪，象徵著料理創意無限。

由各路好手組成的主廚團隊，善用宜蘭當地的優質食材，加上創意與藝術美感，讓所謂的「新台灣菜」真實呈現在大家面前。除了本地人，也吸引了港、新、美、德、西等世界各地慕名而來的饕客，由此也不難發現，麟手創料理已經達到陳兆麟最初的想望——讓台菜被世界看見。

老饕推薦

因果——前菜
以酸甜苦辣 4 種不同滋味的前菜，寓意人生的際遇，內容因應時令與團隊創意不定期變動，並搭配特別設計的食器，無論是味覺還是視覺都令人驚艷。

昇華——蔬食
套餐中以蔬菜為主角的料理，用單一的烹煮方法，提出蔬菜的清甜，也藉著湯汁串起食材的特殊味道，是端上肉類主菜前，味覺的最佳休憩。

時尚——肉品
肉類料理安排在後段，以維繫傳統與同步創新的精神來呈現。不論是在地的鴨肉，或是饕客最愛的羊肉，調味皆能提升食材本身的美味。

美味路標

🏠 宜蘭縣宜蘭市泰山路 58-2 號
☎ (03) 936-8658
🕐 12:00 ～ 13:30；18:00 ～ 20:00（無公休日）
💲 套餐 1200 元、1800 元、2300 元、3200 元
💳 可刷卡

異國夯美味

飲食世界中，異國料理百百種，

獨特的泰式酸辣、精緻的懷石料理、多汁的優質肉品……

精選台灣各地最熱門、有特色的異國料理，

滿足饕客舌尖上的滋味。

金色三麥

鮮釀啤酒　感染相聚歡樂氣氛

啤酒就像是「歡樂」的代名詞，幾杯啤酒下肚就可以讓人更熱絡、更親近。金色三麥遵循德國傳統技術、台灣在地現釀啤酒為號召，提供好喝啤酒外，也費盡心思以歐洲歌劇院、羅馬磚砌酒窖等各種風格，打造飲酒用餐空間。邀約三五好友舉杯狂歡，不必出國，也有置身慕尼黑的 Fu。好酒加美食，金色三麥一推出就成了年輕人的熱門休閒去處。

台灣現在有 7 家金色三麥直營啤酒餐廳，裝潢元素以暗色系的木頭加上啤酒桶為主裝飾，再依場地大小做主題設計，如誠品店是酒窖風格、美麗華店則以豪華的歌劇院呈現大氣格局……，身兼總經理及釀造長的葉冠廷表示，如此規畫設計是為了要讓消費者體驗外國人的生活 style，他強調進入這樣的空間完全不需有壓力，只要盡興就好。

2003 年，葉冠廷自加拿大返台，長年在國外生活的經驗，讓他體驗到在國外喝啤酒是很愜意的休閒活動，也會講究新鮮跟品質，台灣應該也可以這麼做。取得釀酒師執照後，恰好碰上台灣加入 WTO 開放民間釀酒，葉冠廷懷著對啤酒的熱情與執著，在 2004 年拿到第一張民間酒牌執照，成立釀酒廠，創設金色三麥品牌，也開設啤酒餐廳，分享的是「不用到歐洲也可以喝到現釀啤酒」的輕鬆感覺。

三色啤酒，新鮮搭配餐食好味道

以信義誠品地下一樓的誠品酒窖店為例，店門口偌大的店招及暗褐色大酒桶，引人目光。走進寬敞的空間，眼前是暗紅色磚瓦牆、拱門，搭配古樸風格的木質地板，一旁

還有金屬釀酒器具，呼應牆面以木桶與酒瓶作為裝飾擺設。整個空間透過大量酒桶、壁燈、紅磚、鐵欄杆等，營造出歐洲酒窖樣貌。坐在酒桶造型的桌椅，蠟燭造型的昏黃燈光陪伴下，讓人不禁期待著在這樣的慵懶氛圍能享受到的是什麼樣的啤酒氣味？

菜單上，貼心設計了「綜合啤酒」，是認識金色三麥現釀啤酒的最好入門，一次可喝到 3 款常賣款——大麥啤酒、黑麥啤酒和最受歡迎的蜂蜜啤酒。色澤呈褐金色的是大麥啤酒，採用法國優質麥芽與來自南德的哈勒道香型啤酒花，帶有甜氣無一般啤酒的苦澀味，建議搭配主食。而顏色呈黑色系的黑麥啤酒，使用德國巧克力麥芽與重烘焙麥芽，有微微碳燒味道，口感層次豐富，適合搭配甜點和麵包。最受歡迎的蜂蜜啤酒，酒液呈清透金黃，香氣特殊又能回甘，也因此曾獲 2009 年日本啤酒大賽金牌賞及獲頒神奈川縣知事賞，搭配沙拉和海鮮、炸物都很適合。

正統德式純鮮啤酒

與一般市售瓶裝啤酒不同,「金色三麥」的現釀啤酒可是大有學問,遵循1516年頒布的啤酒純釀法令,規定只能使用麥芽、水、啤酒花釀造,絕不添加其他輔助原料、防腐劑。熟成後的啤酒不經過濾與殺菌處理,屬於「原漿純鮮啤酒」(naturalm craft-beer),保存天然活菌酵母與麥芽營養,風味濃郁純正,屬於德式風味。

目前金色三麥的全系列啤酒產品,生產線都位在台灣,而且不論大麥、小麥或黑麥,一律不添加其他穀物,100% 全麥釀造, 品牌因而此取名為「金色三麥」, 法語名為「Le Blé d'or」,即「黃金麥芽」之意。除了常賣 3 款外,釀造長葉冠廷也會依季節性設計,使用當季或應景原料釀造個性口味的啤酒,曾經在情人節推出巧克力酒、萬聖酒推出南瓜啤酒,口味更趨多元化。

主人之心,提供好服務與好品質

為了提供消費者更好的服務,葉冠廷從開設金色三麥開始,就依循步驟提供好服務,推出純正的啤酒、好吃的菜餚,並講究氛圍,以主人心態接待客人。所有服務人員把客人當作自己的朋友,用最好的東西招待來此的客人,讓人離開時,能擁有幸福的感

覺。他舉例，當有客人到餐廳慶生，服務生會齊唱生日快樂歌祝賀；舉辦夏威夷節時，員工化身舞者，帶給客人歡樂。消費者在五感上全體會到後，就會有記憶度，對餐廳的好感度自然而然就會提升。

而身為食品業者，葉冠廷堅持要對自己產品有責任心，此種態度反映在餐廳上，金色三麥以七葉膽取代味精；釀酒使用的原料蜂蜜所需的龍眼樹，周圍不能有農藥，避免使用太多抗生素；有德國釀酒學院的顧問團協助釀造過程，也會送釀酒師出國研習，學習業界最新技術。

相較於日本現釀啤酒廠約有 200 家，台灣還是個位數字，葉冠廷認為還可再努力。希望未來金色三麥除了有機會舉辦現釀啤酒節，更期盼可如鼎泰豐一樣，建造一透明空間，讓客人可以體驗觀看現釀啤酒的過程，給人更安心的服務品質。

美味路標

🏠 台北市信義區松高路 11 號 B1（台北誠品酒窖店）
☎ (02) 8789-5911
🕐 週日～週四 12:00 ～ 24:00
　　週五、週六 12:00 ～ 01:00
💲 每人平均 500 元
💳 可刷卡
🌐 www.lebledor.com

老饕推薦

凱薩沙拉

金色三麥的凱薩沙拉食材很豐富,有蘿蔓心、麵包丁、葡萄乾、小番茄、小黃瓜片、培根絲、紅包心菜,拌進白色凱薩醬,再撒上帕爾梅桑起司。端上桌來,蔬菜鮮甜,不沾醬汁都好吃。

金色三麥超值大拼盤

德國豬腳、德國香腸和酥炸椒麻雞的超值大拼盤,分量大、又可以一次吃到金色三麥招牌口味,人氣最夯,幾乎每桌必點。

酥炸椒麻雞選用鮮嫩多汁的翅腿,以獨家佐料醃製4小時後油炸,搭配花椒沾醬,入口麻而不辣。烤得酥脆的德國豬腳,散發炭燒香氣,外皮口感有嚼勁,肉嫩多汁,皮與肉間充滿膠質,咬起來Q彈有勁。德式香腸有胡椒和煙燻2種口味,佐酒恰恰好。

鮮釀海鮮啤酒鍋

使用美味海鮮燉煮出精華高湯鍋底,搭配鮮美蛤蜊和白蝦,並加入特製醬料提味,香氣迷人,最後倒入金色三麥現釀大麥啤酒熬煮,相當獨特且美味。

67

Toros 鮮切牛排

首開先例　牛排現點現切

吃牛排專精的人，對於牛肉的部位與熟度，總是精挑細選。「Toros 鮮切牛排」創辦人鐘穎寰在 2005 年把國外頂級牛排館經營的方式帶回台灣，客人不只可以決定要吃哪個部位的牛肉，還可以自己決定想吃的量，把牛肉選擇權交還給消費者自己，一直到今天，仍然是獨步全台的牛排供應方式。

Toros 的鮮切牛肉，選擇的是安格斯肉牛。在美國有檢定安格斯牛肉（Certified Angus Beef，簡稱 CAB）認證計畫，嚴格的針對牛隻血統進行審查，好維護這個優良品種肉牛的穩定品質。以安格斯牛來説，即便是使用 CHOICE（特選）等級牛排也必須特別指定油花最好最佳的部位，因此，肉質與風味都優於其他牛肉。而美國 CAB 認證協會也會針對使用一定比例以上安格斯牛肉的餐廳發出認證，好讓消費者知道，好吃的

牛肉在哪裡。Toros 鮮切牛排餐廳即曾榮獲「2012 年度 CAB 行銷優質餐廳認證」，在全球超過 5 萬間國際餐廳中脫穎而出。

Toros 的牛肉都放置在透明的冷藏櫃中，有肋眼、紐約客、菲力以及大塊的牛小排。鮮切區的師傅，會詳細的介紹每塊肉的特色和風味，也會仔細詢問客人口感的偏好，做為建議選擇的判斷。如果不想到鮮切台去，也沒關係，Toros 和其他牛排館一樣，有各種主餐可以選擇，並可搭配各種附餐。另外，非常推薦你點一杯由 Toros 請來的咖啡達人特別調製的冰釀咖啡，牛奶和糖都有一定的比例，而且已經調好在咖啡裡了，品嘗後滿嘴都是咖啡香，餐後一杯咖啡畫下完美句點。這也是 Toros 想要提供給客人的完美用餐體驗。

老饕推薦

美國安格斯紐約客牛排
紐約客牛排的部位是牛的前腰脊肉，運動量足，油花分布均勻，吃起來帶勁又順口。外部焦香，內部為 5 分熟的熟度，濃厚的肉香越嚼越鮮明。

碳烤楓糖豬肋排
將豬肋排以多種蔬菜特調的醬汁醃漬 2 天，先經過蒸烤之後，再塗上一層添加楓糖的 BBQ 肋排醬，每咬下一口，醬汁的甜味，讓肉質顯現不油不膩的好口感。

美味路標

🏠 台北市士林區中正路 185 號（士林店）
☎ (02) 2883-0366
⏱ 平日 11:00 ～ 14:30；17:00 ～ 22:00
　　假日 11:00 ～ 22:00
💲 套餐 780 ～ 1680 元（加 10%服務費）
🪪 可刷卡
🌐 www.toros.com.tw

三太養生鐵板燒

自然原味　無油養生鐵板料理

誰說鐵板燒一定要用奶油或油才能料理呢？「三太養生鐵板燒」，為了健康的飲食，早在十幾年前，就堅持無油料理，以養生鐵板燒為訴求，透過對食材精湛的了解，成功的開創了無油的獨特手法，創造出三太的鐵板燒傳奇。

鐵板燒的高溫，其實只要用點水和鹽巴，不用油，一樣可以烹調出美味的料理，三太的水炒青菜，就是如此保留住了鮮蔬的自然原味，又同時兼顧美味；松阪豬、深海圓鱈魚等食材，本身油脂豐富，則自然會被釋放出來。而真的得用到油的蝦子，則會在煎烤時不斷搬動蝦子，來逐次減少油分的停留。

對於美味，三太很堅持食物入口的黃金賞味期。師傅會直接把剛完成的料理送到客人面前，更細緻的是，每道菜都是剛好可入口的大小，不必再動刀叉，立即享受現做的美味。而且為了讓客人吃得滿足，師傅從頭到尾都不會離開，留意著大家用餐的速度，

好調整下一道料理的下鍋時間。2000 年，三太更為鐵板燒界帶來了全新的美食體驗，結合新的烹調手法開創了牛肉捲，當中包捲的食材和牛肉產生的對比讓人驚豔，之後持續不斷的創新，一直到現在，牛肉捲發展出了十幾種口味，明太子、油漬番茄、飛魚卵等等，讓沙朗牛肉捲成為三太養生鐵板燒多年來的人氣招牌。

以健康為訴求的三太，就連茶與麵包都健康得徹底。夏天的西洋蔘冷泡綠茶，解熱又溫潤；而五穀何首烏麵包，以燕麥、芝麻以及何首烏為材。三太料理美味的關鍵在於對於食材的透徹了解，再加上對鐵板燒特性的了解，不但創造出出人意料的鐵板燒料理，更讓健康的飲食和極致的美味，有了完美的結合。

老饕推薦

海陸沙朗捲
薄切的頂級沙朗牛肉，包裹著濃郁的鵝肝、鮮味的明太子、爆漿飛魚卵，甚至是帶皮吃的進口小蜜柑，每咬一口，口中的食材都會有新的變化與新的味道，精采絕倫。

銅鑼燒蛋
屬私房菜等級的銅鑼燒蛋，選用鴻喜菇蛋，完全不用油只靠鐵板熱度，慢慢的將蛋烘煎成熟，不必加任何調味料，濃濃的蛋黃香就是這道料理的靈魂。

➡ 美味路標

🏠 台北市信義區信義路四段 450 巷 9 號 2 樓
☎ (02) 8788-3839
🕐 11:30 ～ 14:00；17:30 ～ 22:00
💲 平均每人 1800 元
💳 可刷卡
🌐 suntay.myweb.hinet.net

小銅板牛排

平價食尚　簡單不失美味

小銅板（Piecettes）的店名，源自米其林「2個銅板」評等標誌。凡是被打上 Piecettes 標誌的餐廳，就表示「該餐廳所提供平價的餐點，雖簡單但又不失美味」。小銅板牛排將米其林 Piecettes 的堅持，延伸出 Passion（熱情）、Persistence（堅持）、Patience（耐心）3 個 P 的意涵，發展出「平價食尚、用心至上」的品牌理念，提供消費者物超所值的精緻餐點。

品嘗牛排是來到小銅板的一大重點。小銅板炭烤牛排和香煎牛排是很受歡迎的牛排料理，其中包含主廚對牛肉原味的堅持，在沾醬部分更提供多種選擇，可以沾玫瑰岩鹽，嘗嘗牛排的原汁原味，或選擇主廚特調的蒜醬，和牛肉搭配在一起，特別對味。此外，走異國創意料理風格的義大利麵，分量驚人。炸豬排義大利麵，炸得香酥的豬排上裝

著義大利麵；海鮮義大利麵的海鮮，多到幾乎看不到麵。除了主餐，附餐方面也用盡心思。麵包用的是法國圓麵包，再加上主廚調製的乳酪起司醬，口感和香氣都一級棒；帶骨牛小肋排，塗抹日式照燒醬，經高溫烘烤後，口感軟嫩，香氣濃烈。

在空間規畫上，也讓人感覺非常特別。內部的用餐空間，以巴洛克風格妝點，深色系的雕花壁紙，搭配上富有歐洲風情的椅子；大部分的座位，還可以看到半開放廚房裡為了大家的料理忙碌的主廚身影。除了美食的大滿足，還有美好的視覺感受，讓小銅板在用餐時段，總是高朋滿座。豐盛的料理以及自由搭配的點餐方式，讓小銅板吸引了很多的家庭以及情侶前來用餐。

老饕推薦

小銅板牛排

選用前腰脊部位的牛肉，建議 7 分的熟度，搭配簡單的玫瑰岩鹽，提出牛肉的原汁原味；另外特別研製的蒜醬，和牛肉搭配起來風味獨特，讓人難忘。

海鮮義大利麵

海鮮義大利麵有蛤蜊、淡菜、花枝、鮮蝦以及鱸魚片，和番茄紅醬搭配在一起，超級速配。上桌時，現刨的帕瑪森起司，可依照個人口味增加，更加香濃可口。

美味路標

🏠 台北市中山區中山北路二段 112 號 2 樓（中山店）
☎ (02) 2536-7553
🕐 平日 11:00 ～ 14:30；17:00 ～ 22:00
　　假日 11:00 ～ 22:00
💲 單點 29 ～ 399 元，套餐 438 ～ 598 元（加 10%服務費）
🪪 可刷卡
🌐 www.piecettes.com.tw

瓦城泰國料理

50 家連鎖　台灣人愛的泰美味

1990 年，台灣的泰式餐廳還未如目前這般普及，瓦城泰國料理在台北市仁愛路上開設第一家店，一開幕就讓想要嘗鮮的食客們大排長龍，道地泰式美味深受消費者喜愛，也在台灣掀起泰菜潮流。目前，瓦城總共有 30 家分店，可以說是台灣目前規模最大的泰式料理品牌。

在泰籍行政總主廚 Masuk Rayong 的領軍下，從泰國北部常見的烤肉類料理，中部著名的海鮮類料理，以及南部迷人的咖哩，都在瓦城精彩重現。食材是美味的關鍵，瓦城不只魚鮮講究，就連空心菜都有一套嚴格的挑選標準，不僅選擇有機耕作的品種，對於菜梗的直徑，以及切段的長度，也都相當講究。當然，料理過程中的層層關卡，更是嚴謹。看似簡單的蝦醬空心菜，在料理過程中，廚師必須細心的以多段火候熱炒

手法，讓蝦醬的鮮美風味能夠完全融入空心菜，又同時保持蔬菜的鮮綠呈色與清脆口感，讓這道簡單的炒青菜有了更完美的口味層次。Masuk Rayong 雖然常駐台灣，每年還是會回到泰國尋找新的食材、新的靈感與創意，不定期推出新菜色。

在瓦城用餐，桃紅色系為主的裝潢，讓人情不自禁被感染愉快的氣氛，加上服務人員親切而沒有距離感的服務，更讓人倍感貼心，是一處讓人能盡情享受泰式美食的餐廳！能夠收服這麼多人的胃，不僅只是泰式料理特有的風味迷人，瓦城的用心以及精準的料理手法都是有目共睹。

● 老饕推薦

原味月亮蝦餅
瓦城銷售第一的招牌菜！內餡使用 100% 純鮮蝦製作，再經過廚師們用心的步驟調理，一入口就嘗到鮮脆厚 Q 的美味層次。

青木瓜沙律
泰國經典涼拌菜，將爽脆的青木瓜絲、長豆、小番茄等新鮮材料，加入特製泰式涼拌醬與清香檸檬汁拌至絲絲入味，讓人胃口大開。

檸檬清蒸魚
選用 8.5 兩～ 10.5 兩之間重量的七星鱸魚，因為這個大小的鱸魚肉質最好，再加上鮮榨檸檬汁、蒜末及辣椒等特調醬汁蒸煮入味，香氣逼人。

➡ 美味路標

🏠 台中市西屯區台灣大道三段 301 號 10 樓（台中三越店）
☎ (04) 2252-1733
⏱ 平日 11:00 ～ 15:00；17:00 ～ 22:00
　 假日 11:00 ～ 22:00
💲 平均每人 500 ～ 550 元，套餐 465 ～ 630 元
▭ 可刷卡
🌐 www.thaitown.com.tw

非常泰 泰式概念餐坊

真心為你　規格化標準成就美味

在台灣的異國料理中，泰國菜可說是接受度最高、也最受歡迎的了。街頭巷尾，很容易找到泰式小吃或餐廳，在這其中，強打辛辣泰式美食兼具聲光音樂享受的「非常泰」，1995年第一家店開幕時，就以與眾不同的時尚用餐氛圍和精緻的餐飲讓人驚艷，不僅引領泰式餐廳時尚化風潮，也刺激泰式餐廳的質感往上提升，成了頗受年輕人喜愛的聚餐據點。

入夜後的非常泰復興店，大片落地玻璃外，有著長長的等候人群，店內以黑色桌布搭配大量木作裝潢，陳設極簡，但色彩低調沉穩；白天陽光透進、傍晚昏黃燈光亮起，光線灑進時各有各的美。當耳邊響起熱鬧夜店或BAR風格的音樂，透過有層次的燈光，非常泰的都會時尚風格完全展露無遺。

餐點 SOP，味道百分百一致

事實上，非常泰不只從裝潢上顛覆了刻板泰式餐廳的印象，為了讓菜餚更美味好吃，也落實母公司——瓦城泰統集團研發出的爐炒廚房連鎖化系統，讓每一位客人在每次的用餐體驗中，永遠都可以品嘗到和印象中一致的色香味。

非常泰和同樣以泰國菜為主題的「瓦城」，還有賣湖南菜的「1010 湘」，同屬瓦城泰統集團。創辦人徐承義董事長從小吃辣，因為在美國求學時期曾在餐廳打工，對廚房工作或是外場服務都很熟悉，加上早年台灣泰式餐廳相當少，讓他後來決定創業時，選擇以辣味美食的泰國菜為主軸，在 1990 年開了瓦城，1995 年成立非常泰。

特別一提的是，不少餐飲事業的創辦人或董事長，懂管理卻不一定會做菜，但懂得做菜的徐承義，親自融入廚房，把廚房的所有流程做出 SOP，用科學方式來複製傳統廚藝，讓集團內所有廚師做出口味一樣的菜色，像是在非常泰點菜率名列前茅的月亮蝦餅，一公分的厚度是饕客最愛的口感。泰國菜需要好的烹調技術，從刀法、火候、食材挑選都得講究，因此落實「爐炒廚房連鎖化」，嚴密管控菜色一致的品質標準，讓味道能百分百達到一致。

運籌中心，掌握採購好食材

為了烹調好吃的泰國菜，瓦城泰統集團設置「資源運籌中心」負責採購及品管。近千種的原料食材，每樣都有規格與驗收標準表，對大小、形狀、品種和色澤都規定得很清楚，做第一步的把關；「廚藝管理學院」則打破傳統大廚、二廚制，推出「十一級臂章廚師人才培育制度」，讓旗下的廚師經過 13 個月的扎實訓練，就練就一般廚師 5 年資歷的水準，讓消費者在所有的分店都能嘗到一樣的美味。

此外非常泰以「產地通餐桌」方式，採購台灣在地新鮮農漁產品，空心菜只選用農會認證評鑑特優級的、漁獲每天凌晨從產地新鮮直送，就連香料也堅持冷凍真空包裝進口，才能擁有最佳鮮度。食材選用有堅持，所以品質有保證，主廚再運用不同的手法提出鮮度，搭配各式香料，成就非常泰一道又一道的美食。

非常泰講究提供精緻美食，也堅持服務細節。非常泰的服務是有被定義的，如加水時，水壺怎麼拿？該怎麼上菜？客人點餐時，如何解說推薦？……都有標準。非常泰對服務人員的教育是要有敏銳度，除了制度也給彈性，如何應變得靠服務人員自己。在非常泰用餐，服務經常是無形的，「真心為你」讓員工真心為客人服務，也就變得更重要，成了非常泰受歡迎的原因之一。

➡️ 美味路標

🏠 台北市松山區復興北路
319 號（復興店）
☎️ (02) 2546-6745
⏱️ 11:00 ～ 15:00
17:30 ～ 02:00
💲 平均每人約 500 元
💳 可刷卡
🌐 www.verythai.com.tw

老饕推薦

月亮蝦餅
採用新鮮海蝦為主要食材,從選蝦、保鮮製作、處理、酥炸烹調等總共經過 108 道調理步驟。堅持做成一公分的厚度,口感最 Q 彈。剛炸好上桌,外酥脆內柔軟,每一口都嘗得到蝦塊,無怪乎能成為點菜排行榜常勝軍。

金‧湯普森蝦沙律
是著名泰絲大師金‧湯普森最喜愛的一種沙拉,因而命名。將新鮮的草蝦去殼,搭配薄荷、檸檬葉、香茅、小番茄和主廚特調的醬汁,大量香草植物與酸辣醬汁,讓蝦肉嘗來清新爽口,酸酸辣辣的很開胃。

辣炒手工剁牛小排
主廚選用油花比例最佳的牛小排,以快刀剁成如絞肉狀,很難得的是入口仍能嘗得出牛肉獨特的肉筋嚼感,加入紅辣椒、小番茄、九層塔快炒,火候掌握得宜,增添自然鮮甜味道。舀一大匙搭配白飯一起吃,辣中帶香又有咬勁,很下飯。

泰北一口香腸
選用梅花肉、後腿肉,加上檸檬葉、香茅等多種泰式香料調成香腸肉餡,做成一口可食用的大小,經過先蒸後烤等多工烹調,串上南薑丁、檸檬丁、紅蔥頭丁、辣椒圈,再以生菜包著一起品嘗,肉味鮮香不膩,口感 Q 脆,是泰北經典菜色。

欣葉日本料理

不時不食　日式 buffet 吃到飽

想要盡興的享受壽司、拉麵、燒烤等等各式各樣的日本料理，甚至是貪心的吃到每一種，應該是個很特別的經驗。在這樣的想法下，欣葉於 1997 年大膽的把日本料理與自助餐結合起來推出日式 buffet，前菜、醋物、生魚片、湯品、烤、燒、炸物、煮物，還有現調的飲料、日式沙瓦，一字排開在自助餐台上，成了當時最獨樹一格的日本料理餐廳。

雖是自助餐形式，但是欣葉日本料理仍舊秉持日本料理講究細緻與美感的料理精神，包含飲品，多達 150 多種品項，每一項都是手工製作，用懷石料理的態度，遵照古早「不時不食」的原則，以當季最豐沛、滋味最好的食材來呈現每一道料理。而為了兼顧賞味期限及料理品質，每個取餐區都有師傅坐鎮，可以現點、現切、現做。隨著季

節轉換的巧思，讓欣葉日本料理的佳餚，更顯精彩。曾推出過春櫻麻糬和櫻餅，把美麗的櫻花意象融入食物中，彷彿到了日本櫻花樹下野餐。

料理長還在桌上製作了小卡片，叮嚀大家正確的用餐順序，如此一來，每一種料理類別的風味特性，都能有最好的表現。細心體貼之處，還不僅於此，由於日式料理有不少屬寒性的生冷食物，叮嚀的小卡片中，也提醒客人，如果有身體不舒服的狀況，盡量選擇熟食料理比較好。連客人的健康都考慮到了，你説，能不窩心嗎？

老饕推薦

刺身盛合
每日新鮮採購配送生魚片，不過因為順應大自然、按照時令，有時不太能確定當天提供的刺身種類，但也唯有如此才能有最新鮮的海味。

薄皮比薩
中山店限定的薄皮比薩，會根據時令變換口味，夏天芒果季節，製作鳳梨芒果口味，買得到日本茄子就做日式茄子風味，也有壽喜燒口味可以嘗鮮。

經典燒物
燒物也是典型日本料理種類，考驗著師傅的技巧和食材的鮮度。在欣葉日本料理餐廳裡吃份燒物，不論是串燒或是烤魚，能令人有著參加日本祭典的歡樂感。

➡ 美味路標

🏠 台北市中山區中山北路二段 52 號（中山店）
☎ (02) 2542-5858
🕐 午餐 11:30 ～ 14:00；下午茶 14:30 ～ 16:30；晚餐 17:30 ～ 22:00
💲 平均每人 460 ～ 750 元（加 10%服務費）
🈯 可刷卡
🌐 www.shinyeh.com.tw

欣葉呷哺呷哺

頂級涮涮鍋　台北涮涮鍋元老

台北街頭，經常可見涮涮鍋或是各式各樣的火鍋料理，有的強調湯頭，有的強調食材，各有所長。而位在雙城街，隸屬於欣葉集團內唯一的涮涮鍋品牌「欣葉呷哺呷哺」，在台北幾乎沒有涮涮鍋的年代，就已經出現，而且 30 年如一日，從湯頭到食材，甚至是煮火鍋的器皿，都是頂級。

對食材講究的欣葉呷哺呷哺，大部分的湯底，都是以老母雞湯為基底，經典的湯頭，搭配著上好的食材，怎麼煮都美味。為了呈現清爽的口感，更開發出來自澎湖，以高麗菜所做的酸菜，搭配嚴選的大沙公蟹，即便是在大熱天坐定吃火鍋，也能感受到一股清爽；菜單上幾個簡單的火鍋主菜，鮑魚、明蝦、鮮蟳、龍蝦……個個都是頂級海鮮，堅持新鮮，客人一吃便知。

特別的是，欣葉呷哺呷哺有師傅現場坐鎮，若選擇鮑魚鍋，可將其中一顆鮑魚請師傅以特調的醬汁蒸煮，享受不同滋味。另外，餐廳自製的手工丸子值得推薦，雪白的花枝丸取花枝中段口感最好的部位製作；蝦丸則是用和明蝦同等級的蝦種製作；還有雞肉丸子，加入雞軟骨，增添口感也增加鈣質，營養滿分。而愛肉的客人也別著急，肉類端上桌，一眼就能看出食材的優質。

既然講究了食材與湯頭，煮鍋的容器也不可輕忽。從 30 年前開幕起始，就使用日本進口的銅鍋，導熱性佳，容易保溫，食材的美味不會因為高溫或是長時間的烹煮而被破壞。這麼多質優的食材以及用心之處，讓欣葉呷哺呷哺 30 年來，始終是老饕心目中吃涮涮鍋的首選。

* 欣葉呷哺呷哺每季皆會因應時令調整菜色供應，實際餐點以店內菜單為主。

老饕推薦

明蝦鍋

碩大的明蝦，輕輕的涮個幾下，充滿彈性的蝦肉，品嘗起來多汁又美味。明蝦鍋通常還會搭配來自加拿大的干貝，以及手打魚漿，一整鍋的海味，著實讓人振奮。

鮑魚鍋

將每顆都是拳頭大小的鮑魚放進滾燙的鍋中煮熟後細細品味其軟嫩肉質，另外還可請師傅用不同的方法幫你料理，火烤或是加上蒜蓉清蒸，皆可考驗師傅功力。

➡ 美味路標

🏠 台北市中山區雙城街 26 號
☎ (02) 2595-5595
🕐 11:30 ～ 14:00；17:00 ～ 22:00
💲 平均每人 600 元
💳 可刷卡
🌐 www.shinyeh.com.tw

香米泰國料理

巧搭香料　重現泰國傳統料理精髓

從味覺，也是可以分享記憶的。對香米泰國料理老闆來說，飲食等同是童年回憶，住家前面就是市場，繽紛多彩、香氣四溢的香料與食材，在他腦中深深烙印下最美的記憶。來台開了餐廳後，他以各種香料和蔬果寫出泰式料理的味覺光譜，忠實呈現泰式料理最講究的酸辣味道，更成了國內最早獲得泰國官方頒發「泰精選」認證標章的泰式餐廳。

走進香米泰國料理，一盞6米高的水晶燈展現低調的奢華，溫暖的光源為寬敞的空間築構出浪漫的氛圍。邀請名設計師蘇子怡與林純平精心打造出新古典風格的裝潢擺設，樓梯旁垂掛有華麗的超長水晶珠簾，散發著尊貴又摩登的時尚感，猶如浪漫夜店；用餐座位則走現代簡約風，徹底顛覆泰國餐廳多以木雕、貝殼畫、大象圖案……等傳統泰式象徵的裝潢思維。

新鮮食材，料理好吃的祕密

除了在裝潢上不重複泰式餐廳的慣性思維，香米泰國料理在菜單設計上，也有自己的主張。老闆黃正發小時候家中投資餐廳，住家前面又是市場，香料加食材組合出的美味泰式料理，一直是他童年最美的記憶。這份記憶隨著他飄洋過海來台，也成了難以忘懷的鄉愁，所以在開餐廳時，從味覺販賣記憶，香米菜單上要分享給客人的是道地正統的泰國口味，將思念的家鄉記憶料理，在香米的餐桌上重現。

泰國菜的優勢之一就是健康，新鮮度結合食材加上低脂，符合現下的風尚養生潮流，成了全球流行的菜式之一，並備受肯定。黃正發記取一位三星主廚說過的話：「要把食物做得好吃，取決於新鮮的食材」，因此在香米，除了海鮮、肉類等絕對新鮮之外，香料更堅持維持新鮮原則。在泰國，不同地方的料理，便有不同特色，黃正發自豪的說，香米的優勢在於擁有豐沛的廚師資源，泰籍主廚陳彥騰的廚師功力超過 20 年，主廚和廚師群能精準掌握泰國各地的傳統菜式特色、發揮新鮮香料的本質，創造出獨特且受歡迎的香米菜單。

料理精隨，堅持選用泰國香料

泰國料理的顏色鮮豔、香味各異其趣，種類繁多的香料功不可沒，羅勒、黃薑、檸檬葉、香蘭葉、香茅、豆蔻、丁香等香料，搭配青檸檬、萊姆汁等天然酸味，創造出獨特的醬料與調味，也才能烹煮出新鮮對身體無負擔的泰式料理。黃正發強調香料是泰國菜的重點，巧搭海鮮、肉類，不僅幫助食欲，吃進嘴裡，就能感受各式自然香料、新鮮食材、多層次的香氣比例。若非在泰國長大，可能無法體會香料之重要。

由於店裡使用香料量多，且特別，譬如柬埔寨是黑胡椒粒的種植大國，出產的黑胡椒粒質量好，但用的人少就無人進口，得在 101 超市裡尋尋覓覓才找得到。因此店裡的香料來源除了從泰國進口及泰籍主廚定期回泰國採購外，也會視情況到南港或桃園的泰緬小店、中和緬甸街等地購買。

料理好吃，搭配的米飯也不能馬虎，香米選用泰國皇室御用最高等級的茉莉香米，外觀細長的米粒，散發淡淡的茉莉香，粒粒分明彈性十足，與泰式醬料的料理成為最佳拍檔，能充分沾上各式醬料或湯品，而不會軟黏易膩，口感相當好。從廚師群的功力、食材及香料的充分掌握，讓香米多次獲得泰國政府認證為「泰精選」餐廳。

泰國料理也有官方認證

泰國皇家政府為了確保行銷全世界的泰國料理不走味，近年來在國際間推動「泰精選」（Thai Select）的認證制度，從食材、衛生、餐廳整潔，甚至到主廚和其他廚師國籍，以及營業額、顧客比率都需要有相關證明，再經過泰國貿易經濟辦事處評選後，才能獲得認證的行列。凡通過認證的泰國餐廳，即可獲得「泰精選」認證標章，官方掛保證，口味有信心。

香米精神，老主顧一來再來的理由

香米走過 10 個年頭，黃正發一直希望能將泰國菜的更多面貌推廣給台灣饕客，因此店內約一年會微調一次菜單，目前菜色約有 90 ～ 100 道菜，豐富度在台北餐廳中名列前茅。為了整體提升餐廳品質，香米除了在料理上不斷精進，接待客人的流程、問候語、擺盤也都用心以對。以前店內客人有 70% 是老主顧，現在則和新來客形成各50% 的比例，因應客群範圍擴大，香米也走出台北市，在 2013 年底於新北市的新板特區再開新店，也將一秉香米精神，堅持正統泰國料理，讓饕客能夠享受到真正的泰式料理。

➡ 美味路標

🏠 台北市大安區復興南路一段 36-6 號 1 樓
☎ (02) 2731-7309
🕐 11:30 ～ 14:30；17:30 ～ 22:30
💲 每人最低消費 300 元起，每位平均消費
　　400 元～ 700 元不等
💳 可刷卡
🌐 www.homesthai.com.tw

老饕推薦

清邁喃皮番茄蔬菜沙拉

喃皮二字來自泰文，指的是各種沾醬。喃皮番茄
蔬菜沙拉原為宮廷菜之一，現變成清邁家常菜。
將烤過的豆豉片與番茄、豬肉末、魚露、紅蔥頭、
糖、辣椒等一起搗碎製成醬料，用手拿氽燙過的
蔬菜沾著吃是最道地的吃法。

橄宋羅望子鱸魚

屬漁夫料理，泰國人喜歡吃炸的魚。把酸中
帶甜的羅望子和辣椒、蔬菜一起煮成湯汁，
再淋至炸到魚刺都酥了的鱸魚上，魚的鮮味
融入湯汁之中，提出清甜的好味道，而魚肉
也吸取了羅望子汁的酸甜，口感很討喜。

皇式咖哩大草蝦

用 4 種咖哩加上花生粉、椰奶、滑蛋調和與草
蝦同炒。4 種咖哩各司其職，提香、提味、提色；
新鮮的草蝦肥厚有嚼勁，加上溫潤的醬汁，整
道菜呈現出層次感。大啖完蝦子，再拿隨盤附
加的麵包沾著醬汁吃，最是道地。

乾燒香酥軟殼蟹

這道菜是香米的代表作之一。不需去殼的軟
殼蟹食用方便，香米是第一家以軟殼蟹入菜
的泰式料理餐廳。把軟殼蟹裹粉油炸後，和
進口黑胡椒粒、紅綠辣椒、南薑、檸檬葉、
香茅等數種新鮮香料剁碎同炒，一端上桌，
香氣四溢。

晶湯匙 泰式主題餐廳

堅持品質 泰國皇室美味保證

泰式料理的辣與酸，是時下不少年輕人喜愛的風味。台灣泰式餐飲品牌之一的「晶湯匙」，所有分店都位在百貨公司內，菜單上從涼拌、酥炸、咖哩、魚鮮、燒烤、蔬菜、煲類料理到湯品，種類之多讓人目不暇給，兩人同行或呼朋引伴，皆有設計完整的套餐及合菜可選。除了提供道地的泰式料理，更不時有主廚的創意菜色出現，精緻又時尚的餐廳空間，還曾經成為求婚現場呢。

擁有中央廚房及物流車隊的晶湯匙，從採買食材開始就經過層層把關，每一道經典菜餚的料理過程都有 SOP 流程，這也就是不管哪一間分店，10 年來美味絲毫不差的原因。蝦子選用肉質 Q 彈的藍鑽蝦；經典清蒸檸檬魚，選擇 1 公斤重的鱸魚，每天現買現殺，新鮮百分百。來自泰國的香料，諸如：香茅、檸檬草、南薑等等更堅持產地直送。

除經典泰式料理佳餚之外，晶湯匙也有不少新創意。涼拌類的酸辣生干貝，用肥美的生干貝取代生蝦，讓喜歡酸辣美味的人，試試新的組合；燒烤類的香茅烤蝦，將烤得紅通通的蝦子，以特色竹籤串起，擺放在透明杯子裡，讓人垂涎三尺。除了料理的呈現之外，晶湯匙也將這講究的心意延伸到餐盤上，每一類料理都有特定搭配的餐盤，各式精美的盤子，全是泰國師傅純手工製作。

晶湯匙的美味，更獲泰國皇室官方單位選為「全球泰精選餐廳」。這個由泰國皇室發起的泰式餐廳評選，走遍全球針對泰式餐廳進行祕密評量，能獲得這樣殊榮，實在不簡單！

老饕推薦

瑪莎曼南瓜牛肉
晶湯匙讓由日本進口的南瓜化身成容器，裝盛配上濃郁的紅咖哩菲力牛柳，入口肉質細嫩，色澤鮮豔，味道與口感兼具，美味又漂亮，是主廚的創意之作。

月亮蝦餅
百分之百純蝦泥，加上當日現做的春捲皮，就成了招牌月亮蝦餅。這也是泰式料理餐廳，不可缺少的必點經典料理。

美味路標

🏠 台北市大安區忠孝東路三段 300 號 10 樓（復興 SOGO 店）
☎ (02) 8772-5006
🕐 11:00 ～ 16:00；17:00 ～ 22:00
💲 單點平均每人 550 元，套餐平均 495 元
💳 可刷卡
🌐 www.crystalspoon-thai.com

菊鶴四季海鮮料理

真材實料　天母日本料理老店

位在寧靜的天母北路上的「菊鶴四季海鮮料理」，憑藉著主廚兼經營者卓清榮對食材精準的掌握，用美味立足 18 年，成為天母地區歷史最悠久的日本料理名店。

卓清榮認為日本料理的手法，最重要的便是呈現食物的原味，因此食材的品質好壞，是成就美味的關鍵。從小在海邊長大的他，擁有分辨魚貨的精準眼力，店裡不只有每日採買的新鮮魚貨，更有來自世界各地的頂級食材，舉凡日本的毛蟹、海膽，澳洲的鮑魚、法國的生蠔，每項食材都經過卓清榮的認可後，才出現在菊鶴的廚房裡。

而且為了食材的新鮮，吧台前還打造了活水缸，養著這些遠道而來的嬌客們；對於米的選用，卓清榮也有一套嚴格標準。原本選用成本較高的越光米，直到發現台東、花

蓮一帶的米種曾獲得日本米食味鑑定協會的認可，比越光米更香甜 Q，便全面改用這種一公斤售價高達200 元的米。

用美食交朋友的卓清榮，店內不設低消，讓榮總的醫師們在會議時常向菊鶴訂購便當，而附近不少居民更是店裡的常客。因為這裡有位對食材極度挑剔，又有著豐富料理經驗的主廚在把關。三十多年的日本料理經驗，更是讓卓清榮端出的料理，每一盤都是絕妙美味。來菊鶴品嘗，記得要選擇吧台邊的座位，這可是不少熟客或老饕的標準座席，不只看得見新鮮，還能跟師傅討論料理方式，儘量開口問才是享受日本料理過程中，最吸引人的地方。

老饕推薦

紫蘇揚
用來自日本的紫蘇葉，包裹著干貝、蝦子以及花枝漿，經過油炸後，紫蘇葉的香氣以及油炸後的酥脆口感，讓美味更上層樓。

酪梨壽司
米飯中包著酪梨，外層裹上蟳蛋，顏色鮮艷得讓人食指大動，而不同食材的口感與滋味，更在舌尖相互融合，搭配得剛剛好，是菊鶴常客的必點菜。

➡ 美味路標

🏠 台北市士林區天母北路 60 號
☎ (02) 2874-0047
⏱ 11:30 ～ 14:30；17:30 ～ 22:00
💲 140 ～ 1800 元，部分料理時價
💳 可刷卡
🌐 www.28740047.com.tw

雅室牛排館

客人至上　台北東區 CP 值最高的牛排館

位在東區安和路巷弄內的「雅室牛排館」，20 年來，服務著熱愛牛排的饕客，未曾改變。雅室的牛排美味之處，不是在於花俏的料理手法，而是對食材的照顧與重視，以及款待客人的尊重心意，才能擄獲消費者的心。

雅室牛排副總經理賴鴻昌說：「料理是會說話的。」一份餐點上桌，精明的饕客可以看得出來，這道料理是否用心，甚至烹調者的心意都能顯現。從盤飾、盤子的乾淨程度，料理的熱度、食物的新鮮度，以及美學層次的色彩，還有牛排的重量等等，每一個細節都可以看出端倪，而這些細節都只是雅室要求的一部分。在雅室，餐盤上的牛肉，從送到店裡的那一刻起，就受到不同的照顧與保護。舉例來說，肉商送來真空包

裝的牛肉，安放在箱子裡，連這個箱子都不能落地，以杜絕任何可能的汙染；為了保護真空包裝的完整，必須用抱的，以免單手拿取扯壞了真空包裝，讓空氣滲透進去；而且對於牛肉的處理，都是等點餐後才開始分切，目的是為了減少與空氣的接觸。此外從牛肉的貯存、分切到烹飪，總共有 18 個管制點，全都是為了牛肉品質的控管而設計的，雅室牛排對於牛肉認真的態度，由此可見一斑。

此外，服務給人的感受，也是用餐時的一大重點。雅室用「愛」作為經營管理與服務客人的出發點，不論是服務人員與客人之間的互動，或餐廳員工之間的人際往來都包含著尊重；不需要制式的服務流程，服務人員發自內心的尊重態度，既親切又不失禮，讓人倍感貼心。

老饕推薦

蒸烤加拿大活龍蝦
自國外引進活體加拿大龍蝦，現點現做，用清蒸的方式提出龍蝦的鮮甜，以及彈牙的口感。不需要多餘的調味，撒點海鹽，就可以讓人露出滿意的笑容。

爐烤頂級黑牛老饕牛排（8oz）
招牌菜色，取自肋眼的上蓋肉，量稀少且珍貴，經過高溫爐烤後，外層香酥肉質軟嫩。最棒的熟度為 5 分熟，軟嫩又多汁，嘗得到肉質本身的甜美。

➡ 美味路標

🏠 台北市大安區安和路一段 49 巷 10 號 1 樓
☎ (02) 2775-3011
🕐 08:00 ～ 10:30、11:30 ～ 14:30、17:30 ～ 22:00
💲 平均每人 1000 元
🪪 可刷卡
🌐 www.steakinn.com.tw

嗰同燒肉

服務至上　堅持食材品質

似乎還未曾聽聞有連鎖餐廳與胡同燒肉一樣，玩起文字遊戲，每家分店店名都喚作「胡◯同」，只是藉由胡、壺、嗰、醐、瑚字來區分各家店容納客人的數量及適合客層，相當具有巧思。自 2010 至 2013 年，連續 3 年名列新加坡 The Miele Guide 全亞洲前五百大優質餐廳之一的胡同燒肉，希望與食客的互動有如置身胡同和街坊鄰居聊天般自在，留下美好的餐桌記憶。

這年頭，除了菜餚好吃之外，「服務」更成為消費者選擇餐廳的重要指標之一。對正大力推動「吧台燒肉」的胡同燒肉來說，服務更代表毫不馬虎的堅持態度。日式燒肉原本就很講究食材新鮮，但烤肉過程中的火候更是其重點，其中「吧台燒肉」得為客人做桌邊服務，服務人員等得充分掌握每種食材的碳烤時間及熟度，才能讓客人滿意而回。

真誠專業，吧台服務好貼心

胡同燒肉各家店所用的食材，全都統一出自於有標準控管程序且堅持當天出貨處理的中央廚房，其中位在仁愛路巷弄間的 4 號店「衚同」燒肉，二樓空間隱密性高，20 位左右的客人就可包場，一樓的吧台可提供一對一的個人服務，適合想要安靜用餐的客人。

胡同燒肉的副總經理柯明輝説道，胡同是由一群各有專長、志同道合的朋友組成，因為喜歡吃燒肉而到日本研習，不只學新的食材烤法，還學習如何讓客人感動，透過貼心服務，吸引忠實客人。在衚同店中，除了對於食材的講究之外，服務非常重要，特別是對吧台燒肉來説，服務甚至比食物更重要。

吧台燒肉的挑戰是，多數選擇吧台的客人是自己一個人來，所以就得靠服務人員的細心觀察，點餐前熱心推薦菜色，上菜後會先口頭教客人如何自己烤，但像牛肉等重點食材，會全程幫忙烤，讓客人感受到無微不至的照顧；並從互動中觀察客人想要的服務方式及需求、判斷客人的喜好，拉近與客人之間的距離。

貼近到內心的服務

目前衚同服務人員和客人的比例約 1：5，除了餐點服務之外，更安排許多貼心舉動，譬如洗手間提供女性生理期用品，冬天提供毛毯和暖暖包，夏天提供紙巾；考量到來自港、澳等外籍遊客很多，所以店內也推出明信片，可寄回家留作紀念。由於各分店距離不遠，若訂不到位，訂位人員也會根據客人的需求，協助詢問各分店。

嚴格挑選，堅持提供好食材

「衚同燒肉」的空間設計，走的是時下流行的中日混搭風，以窗花和格柵板妝點其中，讓光線更容易透進來，在挑高的環境裡，營造出既靜謐大方又寬敞舒適的感受；二樓設計風格一如一樓，空間分隔為 2 個包廂，滿足有獨立聚餐空間需求的客人。但對饕客來說，一樓的燒肉吧台還是最受歡迎的。

除了強調服務外，衚同燒肉堅持用好的食材提供美味餐點，在新鮮和品質上都經過嚴加挑選。其中海鮮和肉品，肉商會根據胡同的標準，看肉的油花、切面紋路判斷，提供合格肉品；海鮮則每週固定到基隆港挑選。食材絕不放隔夜，拒絕使用不好的食材，若挑不到適合的，更是寧願被客戶抱怨也不賣。

也因為食材夠新鮮，店內肉類都不事先醃製，讓饕客吃得到肉品的原汁原味。除了檸檬片供客人現擠，沒有其他的沾醬，只要現點現烤，就能吃到美味。目前衚同燒肉和其他姊妹店的消費群，多為上班族和商務客，但因為人氣很旺，預定一年展店一家，2013 年底已在新竹開店，繼續發揚吧台燒肉，讓更多人享受有貼心服務的美食佳餚。

➡ **美味路標**

🏠 台北市大安區仁愛路四段 91 巷 12 號
☎ (02) 2777-2549
⏱ 18:00 ～ 21:00（除夕、初一、初二公休）
💲 平均一人消費 1200 ～ 1500 元
💳 可刷卡
🌐 www.hutong.com.tw

老饕推薦

達拉斯

老闆是美國達拉斯小牛隊的球迷，研發新菜時便以達拉斯為名，是店內的招牌菜，油脂分布均勻，切如長方體，6 個面烤成金黃色，將肉汁封住。口感軟嫩，咬下去肉汁立即滿溢口腔，小心別燙著了。

蟹膏生干貝

特選來自日本，可以生食的品種，L size。新鮮干貝的口感極佳，搭配松葉蟹蟹膏味道濃郁，而最上面的山葵泥，擔任提味工作，增添這道菜色的好吃度。

澎湖大草蝦

屬私房菜單，只選用一年生的草蝦，每隻170 ～ 250g 的大型野生草蝦，撈起後，急速冷凍，因為生長在海中，肉質 Q 彈，烤過後口感直逼龍蝦。可預訂，但得視補獲量才知道能否享用到。

鹽蔥牛舌

屬於開胃菜，取自澳洲和牛的牛舌，把薄膜、舌苔去掉後，只剩下 2/3，成本耗損高，因此少有人用。將牛舌烤到半熟後搭配鹽蔥，再沾一點檸檬汁一起入口，口感佳味道也豐富，建議點來嘗嘗。

紅巢燒肉工房

同屬水相 獨特吧台式燒肉

2009 年，「紅巢燒肉工房」首次將吧台燒肉帶進台中，圍著吧台坐著，不論是和吧台後的服務人員輕鬆聊天，或是討教食材的美味祕訣，都非常愜意自在，迅速引起風潮。與「水相餐廳」隸屬同一個水相集團的紅巢燒肉工房，用餐區就位在水相餐廳內。鮮豔的紅色調搭配大量暗色系，熱情中帶點穩重，也呼應了燒肉店的熱鬧氣氛。服務人員熱情輕鬆的服務態度，也是來這裡用餐的享受之一。

對燒烤店來說，燒烤的方式是能否展現食材美味的關鍵。紅巢燒肉工房選擇用炭火燒烤，燒得均勻通透的炭火，才能夠把食材的美味鎖住不流失，展現頂級食材的美味與香氣。而品嘗菜單上的和牛牛舌、加拿大生蠔、霜降黑豚等頂級食材的最正確原則，

就是原味。因此店內的肉品沒有經過醃漬，全都新鮮原味上桌。雖然也備有烤肉醬，但是內行人都知道，面對這些好食材，頂多擠上一點檸檬汁，就能享受到鮮美滋味。

店內的吧台設計，讓客人可以跟吧台後的服務人員聊聊天，讓坐在吧台成為一種獨特的體驗，有不少客人因此和店內服務人員變成了朋友。除了單點之外，不知道該怎麼點餐或不善於搭配食材的人，也可以選擇套餐，輕鬆嘗遍燒肉美味。單人套餐從主餐、沙拉、甜點到飲料，通通都有。雙人套餐則除了頂級牛肉之外，還有豬肉、雞軟骨與霜降黑豚；海鮮部分則有草蝦、柳葉魚、魚腹膠以及加拿大生蠔。豐盛的套餐，不管幾個人都可以吃得好飽好飽。

老饕推薦

頂級和牛鹽蔥牛舌
選用頂級和牛的鮮嫩牛舌，搭配鹽蔥醬，等到單面烤熟後，將包裹著鹽蔥的牛舌一口送進嘴中，肉汁瞬間將鹽蔥與牛舌融合，更顯美味。

炭燒大腸頭
先將大腸頭經過長時間的浸滷，使其本身充滿風味，經過炙熱的炭烤後，滷汁的香氣與大腸頭本身的油脂都讓高溫給逼了出來，最是美味。

➡ 美味路標

🏠 台中市西屯區惠中路一段 117 號
☎ (04) 2259-0089
🕐 11:00 ～ 22:30（除夕公休）
💲 單點肉盤 120 元起；單人套餐 568 元，雙人套餐 1380 元
💳 可刷卡
🌐 www.facebook.com/aquaBBQ

皮耶小館

高貴不貴　巷弄法式小館

「法國料理的重點在於呈現食材的原味，調味只是提出味道的安排，主要的任務是把味道提出來。」皮耶小館的主廚陳世祿如是說。為了能讓更多人接觸到法國料理，因此以歐式鄉村風格及較為實惠的價格，拉近餐飲與消費者間的距離，皮耶小館便是在這樣的概念下誕生了。

曾經赴法國學習料理的陳世祿，對於料理以及法國料理該如何呈現，有獨到的想法。例如法式料理中最重要的食材，在他的要求下，連麵包、甜點都是由餐廳自行製作，像是烤布丁，因用了品質好的麵粉，成了客人口耳相傳的美味。陳世祿笑著說：「用料選擇好一點的，滋味自然就出來了」。 麵包與甜點都如此用心，當然，重頭戲的主餐更是讓人一試成主顧。

菜單上每一道都是經典中的經典,法式料理著名的鴨肉料理中,嫩煎鴨胸用的是口感、味道都不輸法國進口鴨肉的台灣櫻桃鴨,但是油封鴨腿,卻堅持使用進口鴨腿,因為台灣櫻桃鴨的鴨腿處理過後肉比較厚,經過需要低溫長時間的油封手法後,肉質會比較乾柴。同樣都是鴨肉,陳世祿為了料理各自該擁有的口感與味道,選擇使用不同的鴨種。如此講究的風味,但價格卻比市面上的法式料理餐廳都要來得實惠。

陳世祿希望透過這個小館子傳達品嘗食物美味的正確觀念,尤其是現代人飲食當中多半有過多調味,麻痺味蕾的狀態下,幾乎無法吃到食物本身的美味。但是,來到皮耶小館,可以放心的將你的味覺體驗交給他,看看正宗法式料理的風貌,嘗嘗什麼才是食物的原味。

老饕推薦

嫩煎鴨胸
主廚選用台灣櫻桃鴨,精準掌握火候,讓鴨胸保有軟嫩的肉質,鴨肉特有的甜味也都被引了出來。切成一片一片的,是適合就口的厚度。

香煎鮭魚襯青醬馬鈴薯泥
選擇與生魚片同等級的鮭魚,肉質新鮮、夠嫩,以紅酒醋醬汁來搭配,並且加上特製的青醬馬鈴薯泥,以及番茄水果莎莎與洋蔥絲,清爽無負擔。

美味路標

🏠 台中市龍井區遠東街 121 號
☎ (04) 2631-0641
⏱ 11:30 ～ 15:00;17:30 ～ 21:30(週一公休)
💲 套餐 500 ～ 660 元
💳 可刷卡

東大門韓國烤肉料理館

乾式熟成　股神巴菲特也愛吃

隨著韓劇帶起了韓國料理風潮，在台南也開了不少間韓式料理餐廳。位在台南市政府對面，永華路上的東大門韓國烤肉料理館，不但是台南第一家首創無煙燒烤的韓式餐廳，店內引進「乾式熟成」冷藏器材，讓頂級牛肉肉質彈嫩多汁更為鮮美，還帶點堅果香味，這樣的肉品，據說連股神巴菲特都愛吃。

進入東大門韓國烤肉料理館前，兩旁豎立著「天上大將軍、地下女將軍」的木雕像雙柱。源自於古朝鮮的「大將軍」，是韓國民間信仰的象徵，分別掌管天上及地下的世界，有著消災、避邪的功能，像守護神一樣。東大門韓國烤肉料理館，牆上懸掛的韓式鼓、面具等擺設都是老闆從韓國帶回來，希望藉此打造如同韓劇中的真實場景。

掌握口味，精細研究呈現原味

在充滿傳統小吃和古都料理好滋味的台南，對「東大門韓國烤肉料理館」這樣以異國料理為題的餐廳來說，更得端出扎實、口味的好料理，才能征服饕客的心。年輕的主廚王建智不定期前往韓國學習正統韓式料理，以鑽研韓風創意料理來設計規畫菜單。

在口味調配及食材用料部分，盡量忠實呈現韓國料理的「五色五味」，指的是保持食物原有的紅、白、黑、綠、黃 5 種新鮮色彩，以甜、辣、鹹、苦、酸等 5 味做味道組合，再以「五辣」即韭菜、大蒜、山蒜、薑和蔥香辛材料，作為香辣的來源，與獨家祕方調配醬料或醃漬肉品，做出店內色香味俱全的韓式料理。此外也會適時考量季節或氣候、口味等需求，調整出適合本地口味的餐點。

如菜單上的水泡菜、桔梗泡菜、涼拌野子麻等泡菜，以韓國進口的雪梨搭配蔬果醃製，是主廚專程赴韓國拜師學藝而來。發酵是製作泡菜的重要過程，關鍵在於掌握室溫及氣候，但台韓氣候大不相同，無法完全比照韓國學到的製程，得視現實環境調整作法。而且原先韓國重鹹、酸、辣的泡菜口味，也因台灣民眾的接受度而作改良。為確保將泡菜送上客人面前的新鮮度，甚至從韓國進口專用的泡菜冰箱，認真程度可見一斑。

濕式熟成

牛肉的處理方式有濕式熟成和乾式熟成 2 種，所謂濕式熟成牛肉（Wet-aged beef）是指先冷藏 7～10 天後，再以真空密封包裝內熟成並保持肉質水分的牛肉，熟成時間短，重量耗損低，是美國普遍採用的方法。

現點現切，專業器材保持肉品鮮度

燒肉料理店的靈魂主角，是那一盤盤鮮嫩的肉品。東大門韓國烤肉料理館端上的是主廚現點現切的肉品，但最推薦饕客來品嘗的應該是「乾式熟成」手法處理而成的牛肉。

店內使用的乾式熟成，方法是以嚴格講究的控溫方式，將牛肉吊掛於冷藏空間中風乾一段時間，利用肉品本身的蛋白質、天然酵素作用增加牛肉嫩度和風味。歷經 3～21 天零度冷藏的過程，外層水分風乾如火腿般，內層水分則融入肌肉纖維中，能使得油花分布更加集中，入口更軟嫩、甘甜。但因熟成過程花費頗大，烹調前還得必須修整外圍變得乾、硬的肉質，才能提供給客人，因此通常只有較高等級的牛肉會以此方式處理。股神巴菲特最愛的美國 Gorat 牛排館，就是以此方法處理牛肉。

另外，帶骨和牛也是非嘗不可。片成條狀的牛肉先用七、八種以上的蔬果醃製，烤熟後捲起來，再用美生菜、芝麻葉、地瓜葉或紅捲葉等包來吃，不但不油膩，還可體驗特殊的韓式包食文化。而且為了讓客人能充分享受燒肉美味，服務員在上菜時會示範肉品正確烤法，也會貼心主動更換烤盤，做足炭火保護措施。店內還販售韓式小吊飾等紀念品及泡菜、柚子茶等，讓客人輕易就可體驗韓式文化。

➡ 美味路標

🏠 台南市安平區永華路二段 131 號
☎ (06) 293-5118
🕐 11:00 ～ 14：00；17:00 ～ 22:00
💲 超值雙人套餐 828 元，4 人套餐 1580 元，商業午餐 220 元起，平均每人 220 元起
💳 可刷卡
🌐 korea-t.dondom.com.tw

老饕推薦

石鍋拌飯

原本是宮廷御膳，相傳因朝鮮王進貢而流傳到中國。有著五行八卦的概念，在黑色陶鍋中放入白飯，擺上蔬菜、肉片、黃豆芽、泡菜等，放在爐上燒烤，等到發出滋滋聲響，打顆生蛋黃上桌。用力攪拌後香氣及鍋巴香瀰漫，營養飽足又美味。

神仙雪濃湯

色澤乳白似雪的湯頭，是以牛骨、牛雜等不同部位的肉品，不添加任何調味，熬煮至少 8～10 個鐘頭而成。最後 3 小時加進牛腱、牛肚、牛肉，增添甘甜肉味。長時間嫩煮的肉質軟嫩美味，喝得到濃郁大骨純香和膠原營養，深受女性喜愛。

大腹燒肉

使用「乾式熟成法」的頂級牛肉第六到第八根肋骨之間的部位，肉質薄、油脂多，只占了一頭牛的 6～8 公斤。燒烤前不刻意醃製，烤出原味，鎖住豐厚的油脂甜味，逼出軟嫩的層次口感。搭配生菜一起食用，口感好。

帶骨和牛肋排

含 60%～70% 的油脂，若油脂不夠，烤後易柴。使用 8～10 種蔬果的果肉打成泥醃與主廚調味祕方醃製而成，燒烤後建議直接品嘗其原汁原味，也可搭配蒜片、生菜一起吃，是最能代表韓式烤肉的部位。

禮來居手打烏龍麵

健康取向　全手工烏龍麵

禮來居手打烏龍麵的主人陳國明夫妻，為了實現對於料理的理想，在合夥人前往日本東京學習烏龍麵的製麵技術回台後，自行創業，搭配在地、天然、當季的食材，開發出一道道以烏龍麵為主體的美味料理。創業之初，有鑑於現代人飲食對健康造成的隱憂，決定以提供素食為主，但是卻沒有一絲素食餐廳的感覺，更讓不少葷食主義者，成為店裡的老主顧。

禮來居的手打烏龍麵，原料只有麵粉、鹽巴與水這 3 樣簡單的原料，煮過後得經過手洗，去掉沾附在麵體上的些許麵粉，再經過冰鎮，才能成為潔白晶瑩的烏龍麵。Q 彈滑嫩的好口感，關鍵全靠製麵過程中的手工技術與經驗。招牌餐點手打烏龍涼麵，附有醬汁。麵端上桌，建議先夾取麵條品嘗手打麵條的原味及麵條 Q 彈滑潤的口感；再

以麵條沾醬汁，吸附著醬汁的麵條，入口別有風味。涼麵上的海苔絲也可放進醬汁拌勻，將麵條沾汁入口，海苔的香氣會讓味道更豐富。最後，將醬汁杯緣的少許芥末拌入醬汁後，再沾上麵條入口，從一開始的原味到最後的多層次風味，可充分感受手打麵條和提味醬汁的滋味。

只要不是寒流來襲，陳老闆都會建議客人點涼麵來品嘗，因為這樣最能吃到手打烏龍麵特有的口感。除了涼麵，湯麵口感也不惶多讓。禮來居的昆布湯頭，花上十幾個小時製作而成，清甜爽口，也襯得烏龍麵更加美味。此外原本設計讓客人打發等候上菜時間用的小菜，例如：金黃豆腐、義式雙茄、花生豆腐等等，一樣大受歡迎。

老饕推薦

手打烏龍涼麵
在夏天，手打烏龍涼麵人氣最高。可以享受烏龍麵 Q 彈口感，又搭配特調醬汁，味道適中。特別的是吃法不只一種。只沾醬汁、拌海苔絲或調芥末，各有特色。

花生豆腐
花生豆腐是把新鮮的花生浸泡、磨漿、煮沸以後，加點在來米粉漿與玉米粉漿，再經煮沸才能靜置成型，搭配薑泥、蘿蔔辣椒泥以及店家特製的醬汁更好吃。

🡆 美味路標

🏠 台中市西屯區福林路 10 號
☎ (04) 2463-3592
⏱ 11:30 ～ 14:00；17:30 ～ 20:00（週日公休）
💲 平均每人 150 ～ 260 元，套餐 260 元起
💳 不可刷卡

帕莎蒂娜法式餐廳

美食指標　在地食材撼動味覺

2000 年，帕莎蒂娜法式餐廳，在北高雄河堤畔優雅現身，開展南臺灣餐飲新頁。2004 年法式餐廳樓上開設藝術空間；2008 年法式餐廳廚師取台灣在地食材製作麵包，贏得國際大獎；2010 年邀請米其林三星名廚到高雄獻藝，創下南部首例……。透過一次次的創意出擊，帕莎蒂娜法式餐廳成為高雄的「食尚」焦點，也讓南台灣的美食有了指標性的轉變。

出版多本以建築為題材著作的建築師作家陳世良曾說：「台北人大概很難理解高雄河堤社區會因為單一餐廳帕莎蒂娜的輻射效應，讓這裡成為最時髦、樂活的住宅區，也是高雄城市重心從南往北移動的象徵。」。一間餐廳，能讓整座城市重心移動，能讓城市吸引外界目光，帕莎蒂娜法式餐廳的特別，不難想像。

感動入菜，從傳產出發創造新食尚

走進帕莎蒂娜法式餐廳，宮廷華麗風格的洛可可（Rocaille）裝飾設計元素，營造出高雅而古典的氛圍，滿足了置身法國用餐的想像。打造出一家如此美麗又有氣質的餐廳的創建人——許正吉，是位傳產實業家，專門為 Sony、Dell、Motorola 等資訊大廠代工。

某年冬天，許正吉在日本京都出差，冰天雪地氣候裡和客戶走進巷弄小咖啡店，感受到店家待客、人情的溫暖，而且傳承三代，待客如歸的風格始終如一，讓他大受震撼，進而回想起童年時母親開的布店，也是如此對待客人，就這樣，他心中悄悄的有了另一番打算。

回台後，許正吉決定將在日本感受到的美好經驗結合童年回憶，開一家可以傳承三代的咖啡館，一個可以傳遞人味、幸福感的事業。因為太太、兒女都喜歡美食、樂活生活，於是咖啡館的構想就此擴大，2000 年成立第一家餐廳 —— 帕莎蒂娜法式餐廳。

師法自然，善用大地恩賜食材

服務業的特質是創造附加價值，而帕莎蒂娜法式餐廳的目標就是要為顧客創造一種連結台灣土地的感動。於是帕莎蒂娜法式餐廳的主張是融合新鮮、在地、應時，把在地食材運用到時尚味十足的法式料理中。

就連 2010 年、2012 年，帕莎蒂娜更以獨立餐廳之姿，兩度請來被旅法美食作家謝忠道形容為「每一道菜都是通往味覺天堂」的法國米其林三星名廚克里斯汀‧拉史奎爾（Christian Le Squer）客座，也在與帕莎蒂娜董事長帶領尋訪嘗試台灣食材後，在第二度來台時，9 成以上食材改採台灣龍膽石斑、金針菇、花椰菜、芹菜、白蘿蔔、花生等本土食材，融和首次來台時對高雄的感受，以細膩手法，烘托在地原料的好滋味，也顯現出在地食材的真正美味。

帕莎蒂娜，獻給客人的美好皇冠

帕莎蒂娜（Pasadena），是加州的一個美麗小鎮，有著著名的玫瑰花車遊行與頂尖的藝術學校，在古印地安語的意思是「山谷裡的皇冠」。許正吉開設餐廳之時，希望能營造美麗歡愉的氛圍，及呈現美好生活的主張，於是，腦海裡浮現的便是 Pasadena。

主廚許再興和廚師群，曾在許董事長帶隊下，到過屏東萬丹看綠竹筍，去南投巨峰採葡萄，也開拔到台南有機農場學習有機種植概念，更做成食材地圖，運用在法式餐廳的菜單上。再以 iF 設計大獎等級的包裝，行銷台灣料理和食材，讓高雄的食尚，開始被注意。

下次到帕莎蒂娜法式餐廳用餐時，不妨用心感受，在地食材做成法國菜的好口感。

➡️ **美味路標**

🏠 高雄市三民區河堤路 298 號
☎ (07) 341-1256
⏱ 午餐 11:30 ～ 14:00；下午茶 14:30 ～ 17:00；晚餐 18:00 ～ 22:30
💲 晚餐每人約 1480 元；下午茶每人 400 元（加 10% 服務費）
💳 可刷卡
🌐 fr.pasadena.com.tw

老饕推薦

波特酒燉澳洲和牛頰

主角是擁有均勻分布的細緻大理石油花的頂級
澳洲和牛，主廚特別精選微 Q 帶有筋肉的牛頰
部位，膠質多，以紅酒、波特酒和蔬菜慢煮 6
小時以上，完整呈現頂級牛肉最精緻的口感。

開心果烤羔羊佐羊肚菌醬汁
與田園風味蔬食

是主廚許再興想像羊在牧場上、田園裡的模
樣發想而來。選用 3 個月內大羔羊的羊里脊
肉煎烤，佐以香氣獨眾的羊肚菌醬汁，再搭
配烤過的開心果增加口感，一旁擺設各種鮮
蔬，品嘗時口中彷若也漫出清爽的田園氣息。

嫩烤夏隆鴨佐檸檬柑橘紅酒醬汁

來自法國中西部的夏隆鴨，其鮮味、香氣、
甜度、飽水度與宜蘭櫻桃鴨相較略勝一籌。
將鴨肉在鍋中煎到酥香，再以紅酒、新鮮檸
檬、柑橘汁烹煮成醬汁，兩者相伴，光憑視
覺，就讓人食指大動。

海膽與時蔬凍派佐酸奶甜椒醬

是道擺盤簡潔，但烹調程序繁複的菜色。特
別是「凍」的部分，是利用費時熬煮的海鮮
湯頭及雞湯，混和清湯後，再加入明蝦、中
卷、蘆筍苗等食材製作而成。是道入口清爽、
口感 Q 彈的菜色。

帕莎蒂娜義大利屋

堅持手工　從料理發現食物美好

義大利人狂愛美食，更熱愛與朋友、家人同桌分享。台灣街頭，處處可見義大利麵蹤影，但在高雄的帕莎蒂娜義大利屋，主廚堅持使用杜蘭小麥粉、天然橄欖油等新鮮、對勁的食材，就連米都講究，手工特製更是一定要的。這麼多的堅持烹調出的每道菜餚，在在展現與眾不同的經典口感，讓大家樂於分享。

帕　莎蒂娜義大利屋，是帕莎蒂娜國際餐飲的第二個餐廳品牌。和法式餐廳的頂級價位和講究靜謐用餐氣氛不同的是，其忠於義大利人享受食物的態度，主張是美食加上分享，因此推出中價位的義式料理，營造輕鬆的用餐氛圍，讓大家可以直接感受到義大利料理原味風貌和活力。而會取名為義大利「屋」，是因為期盼能和家人朋友同桌相聚、追求美食，共享好時光。

選好食材，忠實呈現新鮮好味

帕莎蒂娜義大利屋的主廚楊國誠，是位有 10 年以上廚藝經驗的資深廚師，接掌義大利屋廚房的最重要原則就是對食材的堅持，除了某些固定食材（如燉飯的米）得忠於原味，從義大利進口之外，其他盡量會使用當季、當令、當地的食材，把「新鮮」的重要性忠實呈現。

在菜色設計方面，延續繁複講究的法式料理作工，結合義大利菜重視的新鮮食材、直接原味的料理精神，從義式開胃小品到甜點等義大利經典料理，在菜單上應有盡有，絕不會讓饕客失望。除了堅持麵食手工製作，為了讓食物呈現道地美味，主廚若找不到好食材，寧願不上菜，過去就曾因找不到滿意的墨魚囊，讓墨魚麵在菜單上暫時消失過一陣子。

另外，店裡的麵條都是廚師們手工自製，堅持要用對勁的食材，才能讓客人吃起來帶勁。每天新鮮製作，使用整顆新鮮的雞蛋，且特別選用筋性較高的杜蘭小麥粉，用手

工打、壓，才能呈現出義大利麵柔軟中又帶有彈牙嚼勁的道地口感，整個過程少說也得花上 30～40 分鐘。而且揉發麵團也會受到天候的影響，想要做出好吃的義大利麵，可不是簡單速成可以做到。

關心食材，打造飲食的生活美學

帕莎蒂娜義大利屋坐落在目前高雄最優質的新興區域，美術館園附近的愛河畔，內觀以棕色原木為主調，牆壁上鋪有義大利最著名的磁磚元素，嵌上磁磚的木桌與質感絨布木椅，流露出獨特、典雅又雅痞的歐式風格。一樓後方的玻璃屋，看得見窗外充滿綠意的戶外庭園，白天陽光輕灑，晚間燈光柔和，搭配店內休閒的爵士、現代民謠等音樂，構築成如同義大利人自在瀟灑的慢活空間，在這裡享用手工自製的麵點，更覺得幸福滿滿。

主廚在菜單上規畫有多道義大利海鮮料理，表現同樣位於地中海邊、也常以海鮮入菜、重視食材新鮮的南義料理風味。不過他也提到，義大利燉煮主菜多，跟台灣的手

融入藝術的料理

2013 年暑假，高雄美術館舉辦米開朗基羅特展，主廚與食材達人徐仲及高美館合作，發揮想像力，將藝術融入料理中，設計了一套米開朗基羅套餐，以托斯卡尼地區的菜色為主軸，從開胃菜到最後的甜品，每道菜都結合米開朗基羅的創作意象。其中木盤盛裝的托斯卡尼沙拉就像是大師的調色盤，酥脆的棍子餅乾是畫筆，鹹蛋塔化身擦拭用的海綿，色彩繽紛的玉米筍、四季豆、紅蘿蔔、青醬、海鹽等充當顏料，入口不但有趣、口感也清爽。

法不一樣，原本義大利菜的鹹酸來到台灣都要調整，但唯一不變的是，有媽媽味道的傳統菜，不論在義大利或台灣，都是饕客的最愛。

義大利屋常不定期規畫主題特色套餐，也做過很多跨界合作。除了美味是必須具備的之外，多加入藝術、人文意涵，品嘗料理的同時，可以關心食材、飲食文化，打造生活美學，推動餐桌上的文化，用料理發現食物的美好會是義大利屋不會停止分享給大眾的目標。美食加分享的義大利美食精神，在帕莎蒂娜義大利屋一定可以感受到。

➡️ **美味路標**

🏠 高雄市鼓山區青海路 167 號 2 樓
☎️ (07) 553-0889
🕐 午餐 11:30 ～ 14:00；下午茶 14:30 ～ 17:00
　　晚餐 18:00 ～ 22:30（除夕、初一、初二公休）
💲 單點每人約 300 元、套餐每人約 500 元；下午茶每人約 300 元（加 10% 服務費）
💳 可刷卡
🌐 it.pasadena.com.tw

老饕推薦

鮭魚卵烏魚子墨魚麵

超人氣必點料理之一。使用杜蘭小麥粉加雞蛋手工
製而成的手工墨魚麵，吃起來Q彈有嚼勁，搭配濃郁
的乳酪起司，和烏魚子、鮭魚卵、新鮮小卷，增加口
感豐富性，提味又提鮮。

香煎鴨肝松露燉飯

主廚選用米心不會完全軟的義大利米入菜是好吃的祕
訣。用烤過的雞骨加蔬菜湯做基底，再加入帕米加諾
起司、松露燉煮成燉飯。最後配上外酥內嫩的鴨肝和
松露，呈現出有層次的美味氣息，豐富可口。

4 種起司什錦蕈菇披薩

屬經典比薩口味，採用薄脆餅皮，放入由藍乳酪、
帕米加諾起司、塔雷吉歐等煮成的醬汁抹在餅皮上。
再鋪上炒過的牛菇菌、菇類，最後放上馬札瑞拉起
司。出爐的蕈菇和起司的氣味濃厚可想而知。

番紅花干貝慕斯墨魚餃

主廚研發的創意料理，手工繁複，光是餃子就得花2天
完成，一人一天最多做 100 顆。干貝、白蝦、小卷、
墨魚等海鮮內餡全都是當天現撈現用，加上用來突顯鮮
度的蛤蜊、蘆筍、番茄等同炒，更提升海鮮的鮮甜美味。

海鮮食蔬沙拉

人氣熱賣款，內容有蝦子、淡菜、食蔬和小卷。淋
醬是義大利油醋，口味清爽，分量足，是道適合多
人分享的沙拉。

多元新風味

近年來，料理不單純只是料理。

融合在地美味、表達內心想法、訴求健康養生……

以台灣食材為主，創意為輔，

打造出本土的特色餐食。

梅門食踐堂

功夫料理　推五行五色概念

「BELLAVITA」，在義大利文中意指「美好的生活」。在信義商圈的 BELLAVITA（寶麗廣場）地下二樓，以養生氣功聞名的「梅門一氣流行養生學苑」，為了推廣素食及養生概念，設立了「梅門食踐堂」，專賣蔬食養生概念餐，內外場人員都是梅門子弟，用餐也有機會學學平甩功，保持健康，就可以享受美好的生活。

初聽梅門在有貴婦百貨稱號的 BELLAVITA 開餐廳，很多人都嚇了一跳，店租這麼貴，怎麼負擔的起？原來是因為 BELLAVITA 的董事長和女兒，是梅門另一家餐廳的忠實顧客，BELLAVITA 開幕之初便力邀梅門前往設立，希望在 BELLAVITA 也能有這麼好吃的精緻素食料理。於是梅門在 BELLAVITA 設立了「梅門食踐堂」，透過食物，忠實實踐養生之道。

素食新解，色香味化養俱全

從 BELLAVITA 一樓搭手扶梯到地下二樓，很容易找到位在一角的「梅門食踐堂」，入口的櫃檯是傳統中藥櫃，一格一格的，頗引人目光。餐廳內部裝潢結合時尚與典雅，以沉穩的紅褐色中式桌椅，呈現古典雅致的風格；配襯空間的還有溫馨的燈光，營造出令人放鬆的用餐氛圍，與貴婦百貨多數採冷色調展現低調奢華的風格相較，在這裡的感覺讓人舒坦多了。

梅門創辦人李鳳山師父將餐廳取名「梅門食踐堂」，有著中國字同音異義之妙，將食物在「仁、義、禮、樂、信，輕、淨、正、知、學」──10 種飲食養生之道的精闢心法中「食踐」，讓客人在餐飲中吃出心得跟體會，見識到未曾領略過的飲食文化。

「養生之道，飲食為要」，但是該怎麼吃，卻很少有人真正明白，更說不上要兼顧美味。梅門應邀在 BELLAVITA 開店的主要原因之一，就是為了推廣素食養生概念。除了注重視覺、味覺、嗅覺等，做到色香味俱全，更重視養生的飲食概念，注意「化、養」，也就是透過餐食讓五臟六腑達到消化和滋養。

細火慢燉，淬鍊食物真正味道

既然取名為「食踐」，「梅門食踐堂」的餐點自然得一絲不苟，毫不馬虎。梅門食踐堂的菜色都是由李鳳山親自設計選材，配合四時節令，選用當季天然食材，譬如夏季就多瓜果，能保健又消暑，並採用傳統方法烹調，講究陰陽調和與五行運轉，食物中的五行五色，都得均勻攝取。

梅門食踐堂的主廚做菜講究刀工和火候，食材處理細緻加上慢火細燉，希望讓顧客吃後能充分消化，讓營養深入五臟六腑，達到滋養功效。也因此這裡的套餐多以湯品為名，李鳳山認為「湯品」是養生的代表，食材經慢火細熬 4～6 小時，有的甚至超過8 小時，將其精華粹煉出來，入口感受到的是溫潤厚實，更重要是易消化吸收。

從心推廣健康的梅門子弟

值得一提的是，梅門食踐堂的內外場服務人員和廚師們，都是跟著李鳳山學氣功調理身體而來，是不支薪的義工。如店長陳俊穎就是大學時因過敏體質，在教授牽引下跟著李鳳山學氣功，改善了健康，也成了梅門弟子。服務人員們發揮練武精神，餐廳的茶，都是梅門弟子自己按照傳統工序手做；餐點亦同，能夠手工製作的絕不買現成品。也因為推廣養生概念，客人準備點餐前，服務人員會幫主動解釋菜單，上菜、添茶、收用完的餐盤等等服務，動作快速也有禮貌。

以推廣氣功聞名的梅門，餐點的調味更是注意氣場的調和，僅以鹽、醋、醬油及香油4種調味品調味，目的在提味，提升、烘托蔬食的原味，而不是取代或者是遮蓋原味。至於蔥、蒜之類氣味很重，會擾亂氣場的，一概不用。梅門食踐堂提供舒適典雅的用餐氛圍，親切溫暖的奉茶文化，細緻用心的養生餐點，希望藉此推廣且實踐養生概念，讓客人吃得健康安心。

 美味路標

🏠 台北市信義區松仁路 28 號 B2
☎ (02) 8729-2734
🕐 平日 11:00 ～ 22:00（最後點餐 21:30）
　　假日前夕 11:00 ～ 22:30（最後點餐 22:00）
💲 麵類單點 180 元起，套餐 580 元
💳 可刷卡
🌐 www.meimen.org

老饕推薦

一番鬥腐湯麵

這碗麵的湯頭是將番茄、豆腐切丁後熬煮 4 小時，滿滿的茄紅素與豆腐的大豆異黃酮，有保養皮膚的好效能。尤其食材美味透到湯中，入口即化，養分容易被吸收，能量充滿，人就有鬥志了！

整頓

其實就是手工做的餛飩，命名由來是這餛飩包得方方正正，方正、規矩才能整頓腸胃。內餡有高麗菜、青江菜、豆腐、粉絲，蔬菜都是手工一刀一刀剁，保留青菜的原味，吃起來鮮甜有汁。

五行炒飯

利用食材天然的顏色組合而成的炒飯，五色蔬菜代表 5 種顏色以調和五臟六腑，米粒得炒到都飽滿入味，蔬菜除了增加口感，也提供身體不同的植物能量。為了健康協調，食材、原料會依四季做調整。

恬淡有節竹筍湯套餐

竹筍湯內無牛蒡，純粹採用當季鮮嫩綠竹筍，熬出有厚度的湯汁。小菜是老滷的滷味拼盤。沒有燙青菜，依季節而有所不同（夏季以麻香四季都為主，冬季為山東泡菜）。甜品為鐵觀音茶凍。

寬心園精緻蔬食

蔬果當家　健康取向走出一片天

愛吃美食、也追求健康，讓寬心園的老闆，從鞋業進出口貿易商的財務主管退休後，
投入餐飲業。她大膽以蔬食概念經營品牌，強調低鹽、少油做出美味和健康，區隔出
和傳統素食不同屬性和定位。創意不忘口感、美味的菜單，讓饕客有了另一種健康吃
的選擇。

在寬心園 12 家分店中，竹北店占了空間之便，有著寬闊的禪風庭園景觀，門前一
池蓮花，池中有蓮、有魚，是小朋友的最愛，右側綠竹、桂花和香草相映，滿
眼綠意；店內極簡的線條設計，搭配粗獷壁面與玄武巨石，輔以佛像雕刻，以中國禪
風及日本美學為主調，用簡潔的線條、柔和的燈光、富藝術人文的擺設，營造出沉穩
氣派特色的用餐空間。

蔬食新解,少油低鹽多健康

寬心園所屬和緣餐飲,董事長黃瓊瑩從鞋業轉戰餐飲業,選擇以蔬食的概念來經營品牌,但她並不屬於全素族群,只是因為喜歡天然的食物,才毅然決然的選擇蔬食取向創業。

黃瓊瑩從事鞋業進出口貿易財務工作 27 年,也當過女鞋零售的總經理,11 年前從鞋業退休後,決心投入餐飲業開啟事業另一個春天,在 2003 年創立「寬心園」,標榜少油、低鹽的蔬食餐飲。那年正好碰上 SARS 事件,威脅人們的生命和台灣的經濟。原本就注重養生的黃瓊瑩,從這個事件深刻體認到「健康」也是重要的商機,不熟悉餐飲的她,就在親友都不看好的情況下,決定在 SARS 期間逆勢操作,拿著新台幣500 萬的退休金,在台中市大業路開設第一家標榜蔬食養生的餐廳「寬心園」。

這家店門面小、只有 42 個座位、停車位又不好找,盡管主觀條件看似不怎麼樣,但小兵一出擊,生意卻好得不得了,店面在台中雖算是迷你規模,但每年竟能創下 800 萬元的營收。第一家店的成功經驗讓她決定開始拓展連鎖店。

SOP 管理,堅持天然新鮮原味

寬心園的定位,不走全素族群,走環保、健康路線,且結合傳統台菜、法義烹調與港日料理等各國特色,規畫出無國界蔬食料理菜單,明顯做出市場區隔。寬心園曾統計,其消費群約 85% 平常是吃葷食,因此寬心園謝絕使用加工製作的素雞、素魚和素肉,選用優質蔬菜、菇菌、穀麥與水果為食材,運用低鹽、少油的自然烹調方法,製作蔬食新料理。

更因為講究「健康」,寬心園對食材品質要求有相當的堅持。黃瓊瑩提到,葷食可冷凍保存,但蔬果可不行,寬心園講究品質一致性,所以食材集中採購、集中處理,都有採購驗收標準,譬如牛番茄從直徑、硬度、鮮度都訂下選擇標準;在無塵室栽培的菇類,也可現採現吃。

餐廳內、外場制定有工序檢查表，每道菜從選料、刀工、烹煮、調味、擺盤到出菜，各個環節都有量化規定，醬汁淋多少、玉米切多厚……都必須精準到位。烹飪準則裡，「片、塊、條」一律改為公分、公克等精確單位。黃瓊瑩說明，為了確保每家分店做出的味道一模一樣，每次出餐都能維持相同的品質，就只能採用製造業的SOP管理。

品牌多元，蔬果料理新樣貌

台灣擁有蔬菜水果種類多、品質好的優勢。使用蔬果量非常大的寬心園，曾經有客人計算，一份套餐共可吃進 40 ～ 50 種蔬菜水果，一天所需的蔬果養分幾乎都有了！

得到顧客的胃與心

除貼心為消費者選擇最高等級的食材，寬心園更講求「人性服務」，菜單上標示有蔬菜寶寶圖案的菜色，都可根據客人需求更換為無菇無豆。最難得的是，員工自發性的貼心服務，像若碰上下雨忘了帶傘的客人，不僅幫忙叫車，撐傘送到車旁，還提供自己的傘；客人不小心掉下筷子，不必等客人要求，就早一步送上。黃瓊瑩說，這些行為不是制式規定，而是員工有榮譽心，自發性做到，是無價的。寬心園2012、2013 年皆在《天下》金牌服務大賞中，打敗以服務和美食著稱的鼎泰豐，得到此殊榮，黃瓊瑩覺得榮耀卻不驕傲。

寬心園在設計菜單時力求營養均衡，每道菜一定搭配根莖類、葉菜類、蕈菇及養生中藥材，讓客人吃得健康又安心。為了希望對這塊土地有些小小貢獻，寬心園盡量使用在地食材，幫助農民，單一產品，每天直送，藉以提升改善台灣農業精緻化，鼓勵年輕一代回流鄉村。

在美食部落格中評價極高的寬心園，秉持穩健原則展店，10 年來在台北、桃園、新竹、台中、台南、高雄等都會區共開了 12 家店。2009 年更創立第二個品牌「跨界蔬房」，以「蔬食界的麥當勞」路線開設在美食街，供應蔬果三明治、炒飯、沙拉、果汁等年輕人喜愛的輕食餐點；2012 年又推出第三個餐飲品牌「EASY HOUSE 美式蔬食餐廳」，走的是美式風格。這 3 個品牌，開拓蔬食飲食新的面向，讓享用蔬食變得更自在又多選擇。

 美味路標

🏠 新竹市竹北市莊敬二街 8 號（竹北店）
☎ (03) 550-9716
🕐 11:30 ～ 21:30
💲 基本主餐單點一份 300 元～ 360 元，加
　180 元可升級套餐
💳 可刷卡
🌐 www.easyhouse.tw

老饕推薦

山珍炆猴菇
食材主角猴頭菇營養價值高，搭配以當歸、人蔘、川芎等十多種中藥材慢熬成的養生湯底，再以清燉方式做料理。厚實的猴頭菇，口感似肉，卻沒有肉類乾柴的纖維感，多汁鮮嫩，溫潤清爽。

川燒豆腐煲
是寬心園的招牌陶鍋菜。先將皮薄內嫩的日式錦油豆腐，淺炸後外皮變成薄脆黃金皮。再搭配菇類、金針等養生食材，淋上特製川燒醬與雪花酒釀，散發出香、甜略帶辣味的獨特口感，是道開胃的下飯好菜。

百菇松露飯
董事長黃瓊瑩特別推薦，是寬心園歷久不衰的人氣菜色。烹煮過程講究而耗時，先以義大利松露醬與泰國香米，加上獨家配方，直接把生米煮成松露飯；再加進台東高山雪針、菇類、蘆筍、枸杞等快炒後上桌。

牛奶蔬菜鍋
近年來很受歡迎的健康食材巴西蘑菇，有著特殊的杏仁香味，搭配進口牛奶煮成湯底，並加進各種天然食材，能感受到廚師講究營養均衡的用心；整鍋看來白裡透紅還帶點翠綠，賣相極好。

又見一炊煙

寧靜山水　餐飲美學新焦點

位在台中新社的「又見一炊煙」，以綠柳、水景、石階曲徑交織出的自然風情，融合漢唐風格與日式禪意的建築，襯托著兼具美學和創意的餐食，構築出緩慢氛圍，擄獲了廣大網友及部落客的心，紛紛撰文推薦。隨文分享一幀幀圖片中的詩情畫意，更讓人目光為之一亮，成為展現餐飲美學的新焦點。

只　為圓一個夢想，希望有一處不吵雜的餐廳，可以感受到靜謐、禪味。讓身為一間毛衣工廠老闆的杜文浩，來到台中新社山間，以「洗心、隨食、禪」為本，打造出「又見一炊煙」。木造建築有著深廣的簷廊，土牆造法一如日本茶屋，工匠在泥作後慢慢以竹帚拍出紋理；而長廊盡頭的石壁，是由混入各種石料澆灌的混凝土牆鑿出，建築充滿漢唐精神揉合日本禪意，呼應著主人追尋「靜」的心思。

喜歡山林的餐廳主人杜文浩，有次到翡翠水庫周邊登山，那時水庫初興建，周遭還有很多梯田、茅屋，黃昏時分，一戶戶生火做飯，燈火一間間亮起來的畫面很美。他回憶當時自己站在高處，見到炊煙裊裊的模樣，不由得覺得肚子餓了起來，便想，若此時有家好餐廳該有多好。所以，餐廳取名「又見一炊煙」便是回味記憶中炊煙繚繞田野的樸實景象。餐廳特地打造一個灶，遇上節慶也會生火、煮茶葉蛋，免費請客人在炊煙相伴下好好享用。

禪味意境，自然空間分享靜謐

造訪又見一炊煙，最大的享受不單是餐食而已，更想分享的是，沉澱心靈體會周遭。在建造餐廳前，杜文浩曾在日本京都久住一個月，四處參訪體驗建築與廟宇，在佛寺靜坐時，體悟到禪意真理，帶著這份感受，選擇在寧靜的新社建築他的禪意空間。

走進又見一炊煙，綠葉藤蔓輕掩入口，讓人彷若走進如納尼亞傳奇故事的神祕感受，

拱門旁設有噴霧的裝置,營造炊煙繚繞的景象,沿著綠樹夾道的石階曲徑而上,沁涼山風舒緩俗世帶來的紛擾心情,逐一沉澱,轉為平靜期待。而紅色大傘的日式露天茶座,與周遭綠樹形成強烈對比,有置身京都的錯覺。

內部的巧思設計,處處可見。庭園以池為中心,杜文浩說:「這池,名為靜止」。與一般池子不同,通常池子內的水都是一般流向,但這座水池四面八方都有水溢出,慢慢上升,再流出去。雖然水流的流向多,和池名似乎有些相違背,但其實如此反而能真正感受到寧靜,倒影才會明顯,從倒影中能欣賞到奇石錯落、銅雕、垂柳,也是另一種驚喜。

口感第一,富含變化的菜色

餐廳採用無菜單供應餐點,原則是講究環保、無毒,所以會注意節令,避免加工,表現食物原有的質。杜文浩認為好吃很重要,口感擺第一、視覺為輔。因此除了順應有機農場小量生產供貨外,為了讓料理富變化與彈性,不只隨四季變化,有時數週便會變換菜單,或者若有農場剛送來新鮮或特別的食材,主廚也會即興加入,讓客人享受驚喜。

融合花藝的空間

潛習插花、茶道數十年的杜文浩，善用花
道，以缽瓶或塊木為器，裝飾出極簡卻不
矯飾的盆花，讓又見一炊煙的整體空間，
表現出餘韻深厚的人文氣息。杜文浩提
到，欣賞花藝從視線高度出發，看線條、
看角度，從中汲取美學及內涵。

為了發揮食材原味，主廚調味清爽，以多種青蔬、水果佐餐或入菜，如新社水梨、菇類、大甲芋頭或宜蘭、澎湖的水產與蔬果等，吃起來不但鮮甜、富有風味，也能安心。

又見一炊煙的服務走親切風，自然而不做作。一如日本餐廳待客之道，點餐時，服務人員會以蹲姿或跪姿在榻榻米上，讓客人感到舒適。因為入內用餐要脫鞋，避免客人穿錯或遺失，設有名牌鞋保管區；若是擔心赤腳走會髒，也有洗腳設備，還提供拖鞋及整套毛巾，相當貼心。

此外，這裡也提供下午茶，午後時光上山，俯瞰台中市景，輕鬆的或坐或臥，愜意極了。下次，選個好天來又見一炊煙吧！以緩慢優閒的步調享受另一種人生風景。

➡ 美味路標

🏠 台中市新社區中興村中興里中興嶺街一段 107 號
☎ (04) 2582-3568
🕐 午餐 11:30 ～ 14:00；下午茶 15:00 ～ 17:00；晚餐 17:30 ～ 19:30
💲 套餐 1000、1200 元（8 ～ 10 道菜）；素食 1000 元；兒童餐 680 元；
　　下午茶 250 元（套餐加 10% 服務費）
💳 可刷卡

老饕推薦

釜飯

內容食材跟著季節走，在客人桌上現煮。以香Q米飯、土雞腿肉，搭配節令食材（如芋頭、竹筍、菇類）烹煮，看得到炊煙，香氣十足，充滿季節風味。

魚類

用從日本進口的高價魚喜之次，或是在龜山島海域捕捉到肉質鮮甜度相當的紅喉魚，使用的魚類得視漁民捕獲情形而定。以煎或烤的方式烹調，用鹽稍微調味即可享用。

蝦、蟹

杜文浩強調要做出好食物，好食材是必要的，因此海鮮也堅持依季節取材，如日本帝王蟹，得在當令季節，是最新鮮、最佳滋味的才會現身饕客眼前。

蔬食

最特別的「黏黏三兄弟」，取材秋葵、山藥、日本納豆，將納豆、秋葵、山藥磨碎後放在一起，用海苔捲起來吃。入口，納豆的特殊氣味被秋葵、山藥給降低了，吃到的就是健康的滋味。

永豐棧酒店 La Mode
風尚西餐廳

創新食尚　台灣優質食材入菜

在台中深受歡迎的台中永豐棧酒店「La Mode 風尚西餐廳」，常態性主菜首推牛排。由主廚自己研發出來的熟成方式製成的頂級乾式熟成牛排，早已是饕客的最愛。最近，更發掘到了來自台灣嘉義，以職人精神飼養且肉質不輸美國牛肉的台灣草飼牛，經過主廚親自品嘗後，獨步全台推出。目前，只有 La Mode 風尚西餐廳才吃得到。

會發掘到台灣的草飼牛，和主廚希望推廣台灣優質農產品的心意有關，永豐棧曾聯合中、西 2 間餐廳舉辦一場料理競賽，以 5 種台灣當地的時令食材設計全新菜餚一較高下，除了話題十足，La Mode 風尚西餐廳也因此發掘出不少優質的台灣農產品，並且都成為餐廳廣泛使用的食材。例如：新社的香菇、大坑的麻竹筍、南投的冷泉空心菜、宜蘭的櫻桃鴨及香草豬等。

除了美味的牛排外，其他主餐每個月都會有新的變化。讓經常來這裡用餐的忠實顧客，總是有著新鮮感。這份創意，也是來自於主廚總是求新求變的個性。他曾經把台灣的冷泉空心菜，以法式料理鑲填的手法，填入粗大的空心菜梗中，讓家常的台灣空心菜，搖身一變成為一道西式的開胃前菜。

深知客人味覺的主廚，更是利用台灣在地食材加上創意的料理，讓饕客從熟悉的味道中吃到美味與創意。他曾經設計過一套餐，以西式手法呈現台灣小吃，將街頭巷尾都可以見到的蚵仔麵線，改用天使細麵取代台灣的麵線，放上清燙過的蚵仔，再加上一點麻油、鎮江醋提味、提香，再擺上香菜，讓老外在熟悉的義大利麵中，吃到台灣的在地美味。

老饕推薦

碳烤台灣肋眼牛排
肋眼是大家熟悉的牛肉部位，烹調過程中肋眼部位的油脂香氣，瀰漫了整份牛肉，而台灣草飼的牛肉肉質，因為在完整乾淨的飼養環境中成長，肉質軟嫩鮮美。

碳烤台灣紐約克牛排
紐約克近幾年來逐漸受到愛吃牛排的食客們喜愛，較有咬勁的肉質，結實而且充滿肉香，5 分熟的熟度最能顯現其肉質特色。好吃的程度，真的不輸美國牛。

美味路標

🏠 台中市西屯區台灣大道二段 689 號
☎ (04) 2326-8008 轉風尚西餐廳
🕐 06:30 ～ 21:30
💲 平均每人 480 元 +10%起，套餐 880 元 +10%起
📇 可刷卡
🌐 www.tempus.com.tw

赤鬼炙燒牛排專賣店

台中逢甲　高品質平價牛排店

在台中地區，「赤鬼炙燒牛排專賣店」的名聲響亮，用心選擇肉品，堅持不加人工防腐劑以及嫩肉精，更針對烹調器具不斷研發，打破了品質與價格之間必然的對立，讓大家吃牛排，不必大傷荷包，因此每天店門口總是有著一長串的等候人龍。

赤鬼發跡於人來人往的逢甲夜市，當時夜市充滿小吃，但總是吃巧不吃飽，也沒有座位區可以好好享用。因此，赤鬼炙燒牛排專賣店的老闆，靈機一動，選定了逢甲夜市，打造一個可以讓大家坐下來吃飯的地方，從此改寫了台中地區平價牛排店的歷史。老闆遠赴日本學習牛排炙烤技術，回台後繼續研究適合的烤盤、調味與肉品等等。也將日本文化融入店中，以日本戰國時代名將井伊直政的別名赤鬼為餐廳命名，店內裝潢更有不少日本彩繪圖案，誇張的金色鬼面具，以及戰鼓等等，再加上服務人員的紅色

頭巾和制服，在這裡用餐，彷彿置身日本。

對於食材，牛肉的部分，選用來自紐西蘭的草飼牛，純淨的飼養環境與草飼方式，讓赤鬼的沙朗牛排有著天然的淡淡牛奶香氣。梅花豬排則選擇肥瘦比例最適當的部分，寧可缺貨，也不願意用較差的肉替代。配菜之中的蛋，更是每日從養雞場直接配送到店，料理過後散發出的濃濃蛋香，更是讓不少挑食的小朋友胃口大開。

除了對食材品質的堅持之外，料理的重要工具 —— 烤盤，也是經過幾番研究之後，找到了最佳器具，經過不斷改良更新，目前使用的烤盤已經是第十四代了。赤鬼炙燒牛排以鐵板的方式上菜，更別出心裁提供配菜，徹底顛覆了一般人對牛排的既定印象。

老饕推薦

烤安格斯無骨牛小排
選用安格斯無骨牛小排，經過高溫炙烤後，原本的濃郁肉味更添香氣。以日式手法搭配牛小排，提供日本牛排醬及越光米香 Q 白米飯，是愛吃肉食客的最愛。

特製雞腿排
店家特選肉質緊實的雞隻，經過長達數十分鐘的烘烤過後，仍然保有適當的體積，製作成雞排，可以讓客人吃得飽又吃得巧。

美味路標

🏠 台中市南屯區大墩路 632 號（公益店）
☎ (04) 2320-5157
🕐 11:00 ～ 23:30（除夕至初二公休）
💲 210 元起
📇 不可刷卡
🌐 www.akaonisteak.com

梨子咖啡館

實踐夢想　分享幸福滋味

「梨子咖啡廳」起源自女主人廖梨妃夢想的咖啡館，從築夢的第一天到現在擁有
眾多分店的規模，梨子咖啡館要提供一個幸福氛圍的想法，從來沒有變過。

一開始的梨子咖啡館，只有幾樣簡餐，伴著迷人的咖啡香，這些充滿家常風味的餐點，
很能夠撫慰人心。之後，某一年寒冷的冬天，為了驅走客人身上的寒冷，推出了由雞
骨與蔬菜熬出的高湯與南瓜泥、奶油醬做成的法式鄉村南瓜鍋，成為光顧梨子咖啡館
饕客們的最愛。除了滿足客人的需求，梨子咖啡館對於食材以及任何用餐相關小環節
也有堅持。招牌的梨子咖啡，一定要有咖啡、鮮奶、蜂蜜、焦糖、肉桂粉、巧克力粉
與檸檬絲等 7 種原料，唯有這樣的配方才能組合出獨特的香氣和口感。梨子咖啡館中
科店開幕後，主廚們也發揮創意，給客人一道道驚喜又美味的料理，如選用花蓮自然

豬做成的「丁骨豬排」，鮮嫩多汁的口感，不輸給丁骨牛排。另一道「德國豬腳鍋」，先炸再烤的工序，讓口感層次豐富，結合了牛奶湯底，有了充足的膠質，也多了份清爽。

中科店以白色為主的建築物，加上大量落地玻璃的採光以及綠色點綴，營造出既明亮又溫馨的大空間。戶外的空間，則全鋪上白色的小圓石，成為小朋友們的最佳遊樂場。大人們可在室內優雅的用餐，一轉頭就可以看到孩子們在白石灘中盡情玩耍的天真笑顏。結合了美食與溫暖空間的梨子咖啡館中科店，不只是女主人夢想的延續，更成了適合全家大小一同前往的親子餐廳。

老饕推薦

德國豬腳鍋
打破傳統豬腳料理讓人又愛又怕的油膩感，以鍋物方式呈現，牛奶湯底加上先炸後烤的豬腳，結合成一道膠質充沛又口感清爽的好料理。

炭烤法式厚切丁骨豬排
選用厚片帶骨豬排，以香料醃漬，先油炸再淋上白酒與奶油後炭烤，自然豬鮮嫩的肉質，因而更加多汁。

➡ 美味路標

🏠 台中市西屯區玉門路 370 巷 28 號（中科店）
☎ (04) 2461- 0399
🕐 08:00 ～ 23:00
💲 平均每人 280 ～ 400 元，套餐 580 ～ 820 元
🪪 可刷卡
🌐 www.pearcafe.com.tw

鼎王麻辣鍋

排隊名店　不浪費哲學成就回流客

從夜市攤商起步，到目前全台已有9家直營店面的鼎王麻辣鍋，會做菜的執行長研發出可以喝的麻辣湯頭，征服無數人的味蕾；更因為他不浪費的好習慣，主動為客人把吃不完的湯鍋打包帶回家，不但貼心將湯底加滿，還附送鴨血豆腐，這樣的好服務開啟了鼎王的知名度，也是無數饕客願意排隊用餐的原因之一。

對鼎王麻辣鍋來說，全年沒有淡旺季之分，排隊等著吃鍋的人龍經常可見。湯頭使用大骨熬成，含有鈣質與膠原蛋白，加上使用蘋果、水梨和紅白蘿蔔等二十幾種蔬果，搭配雞心紅辣椒和32種中藥食材熬煮而成，完全不添加任何味精，符合現代人的健康概念。

也因此鼎王麻辣鍋的湯頭,雖然辣,但溫潤容易入口。且為了避免湯頭久煮會太鹹,服務人員更會不時主動巡桌加鍋底,讓湯頭保持一貫的味道,不僅湯可以直接喝,白湯裡的酸菜配上辣湯喝更是經典,也因此鼎王的麻辣鍋湯廣受客人喜愛。

記憶味道,開啟麻辣鍋的新故事

鼎王麻辣鍋的故事,應該從執行長陳世明小時候說起。童年時期陳世明家住高雄,媽媽喜歡吃麻婆豆腐,他三天兩頭就拿著盤子幫媽媽買麻婆豆腐。後來賣麻婆豆腐的這家店歇業了,孝順的陳世明想還原記憶中的味道,試著做給媽媽吃,因而開啟了做菜的興趣。退伍後,25歲的他花了32萬的積蓄在台中市忠孝夜市開了第一家麻辣鍋店,兼賣火鍋和熱炒。

在夜市開店期間,麻辣鍋的好口味就獲得不少客人喜愛。陳世明看到客人把麻辣鍋裡的料都吃完了,留下一鍋湯,他想到這鍋湯正煮到精華盡現,丟掉很可惜,想建議客人帶回家。但獲得「帶一鍋湯回家做什麼?」的回應,陳世明聽到了客人反應後做了決定,提供貼心的打包服務,先將湯底加滿,再裝滿鴨血豆腐一起打包回去。滿滿的一大包,即使到了現在都還可稱為創舉,就這樣替鼎王打響了名聲。

2000 年陳世明看到大型麻辣鍋餐廳的可能性,就在精誠商圈開設全台第一家麻辣鍋專賣店,也就是鼎王的創始店。

掌握源頭,堅持食材自產自供

經過夜市洗禮,直接面對客人的陳世明認為,老味道就是好味道,研發出的湯頭底定就不能變,因為客人隨時會來尋找記憶中的味道。所以他秉持真材實料、真誠待人的原則,對食材充分掌握,一切源頭不假他人之手。

店內使用的鍋子,是特別請台中大甲鐵砧山鐵壺工藝師黃天來親自製作的,鍋內是堅固的不鏽鋼,鍋外是中國古式陶,和鼎王走中國禪風美學,融合現代與古典元素的裝潢風格相互陪襯下,與店內外陳列的藝術品,共同創造出豐富的藝術風貌,讓顧客在

這裡吃美食，也能體驗知性的一面。就因為品質是鼎王的基本要求，目前 9 成的食材都是自行設廠自產自銷。這樣的策略和目前市場上多是以量制價來壓低成本，面對原物料價格大幅上漲的情形大大不同，可以充分掌握食材品質，亦可掌握用量。除了肉品之外，豆腐、丸子、醬料、湯頭……等各有專屬工廠，可確保每一家分店的味道和食物不致有落差，或許也就是鼎王人氣旺的祕訣之一。

取經稻穗，90 度鞠躬顯示服務真誠

被屬下形容是美食狂人的陳世明，喜愛做菜，懂得吃、味覺又敏銳，他不僅所有的食材都自己選，就連員工的服裝、服務方式也都親自琢磨，講究細節。包括服務人員服裝的七分袖設計，是因為袖子太長會撥到客人的菜；袖子也不能太緊，才能動作自如。

鼎王更以多年的餐飲服務經驗，自行設計稻穗管理學院課程，結合內部在職訓練及人員職涯規畫，從實習生到經理級管理階層都是學員。而且員工 95% 以上皆為正職，

資深員工也很多，流動率低，素質高的人才持續留任，自然為鼎王帶來好的服務品質。其中最值得稱道的就是雙手合攏在腰前，向客人行 90 度的鞠躬大禮，陳世明希望每位鼎王人都可以像稻穗成熟飽滿自然低頭下垂，以專業卻謙卑的態度，讓客人賓至如歸。在訓練之初，還剪人形紙娃娃來琢磨，教大家怎麼彎腰才會好看，也因此建立了鼎王服務的獨特性。

因為講究服務細節，鼎王一家店約需 60 位員工，和客人互動好，有 7 成客人都是熟客回流，更有客人主動分享新吃法，像是把蔥放在白飯上，淋上麻辣湯拌飯很好吃等。鼎王不只重視美食、空間、器皿、服務、氛圍，創造讓客人五感滿足的體驗，未來更希望能將麻辣鍋提升到成為飲食文化的層次。

 美味路標

🏠 台中市南屯區公益路二段 42 號（公益店）
☎ (04) 2326-1718
🕐 11:00 ～ 06:30
💲 每人平均 500 元
🖬 可刷卡
🌐 www.tripodking.com.tw

老饕推薦

手工牛肉丸
含 95% 的牛肉，經過手工揉捏捶打，保持筋性，久煮入味也不致軟爛，入口特別，感受得到彈性，是愛好牛肉的客人必點菜色之一。

特選去骨鮮牛
牛肉跟麻辣搭配原本就非常合拍。鼎王嚴選美國穀物飼養牛，油花分布均勻又漂亮，放入湯頭裡輕涮 5、6 下，吃入口中，散發出如奶油般香氣，混合麻辣湯頭的滋味，堪稱絕配。

北海道干貝滑
採用日本北海道干貝，甜度夠、彈性好，且魚漿比例少，大口咬下，感覺得到口中絲狀的干貝，新鮮扎實、口感 Q 彈。

大腸頭
大腸頭和大腸的不同，在於彈性和口感。鼎王的大腸頭，經過特殊手法處理，去除雜味，愈煮愈香，彈性很好，不少客人一次點 2 盤，可謂人氣菜色。

淺嚐時尚料理廚房

一菜一故事 美味跨國界

位在台中潭子工業區的「淺嚐時尚料理廚房」，是廖家人的心血結晶。 一開始，是為了圓廖家大哥的夢想。現在是餐飲學校教授的廖大哥，一直想擁有提供高規格料理的自家餐廳，於是一間由全家人共同努力、全心付出的餐廳就誕生了。

獲獎無數的廖大哥堅持只有最新鮮食材才能入菜，比照大飯店料理要求，以食材特性為主角，不讓過度的烹調壞了美味。於是，一道道的歐陸佳餚，如德國脆皮豬腳、法式蜜桃鴨胸、檸檬香煎鱈魚等，都成為饕客心目中的首選。菜單上的客家美食，則出自廖家阿嬤的私房菜單。經典的焢肉，在廖大哥的巧思下，添入茶香成了阿薩姆茶香焢肉；桔醬松阪豬則將松阪豬肉片以扇形展開排列，如畫筆輕畫過的醬汁淋得漂亮又雅緻。再以西餐擺盤方式，讓傳統客家菜在滿足味蕾之前，先讓眼睛飽餐一頓了。

此外，跟隨婆婆練就一身好廚藝的越籍媳婦阮氏秋，更自行研發出酸辣適中、清爽順口的涼拌木瓜絲，一登上菜單，便迅速擄獲饕客的胃。她和婆婆因料理產生情誼的過程，吸引電視台將她們的故事搬上螢幕，劇集名為《戀戀木瓜香》，阮氏秋的涼拌木瓜絲也因此而命名。《戀戀木瓜香》中的精髓──酸辣醬汁，更在廖家姊姊的創意下，淋上了雞腿、鮮魚，成了跨界創意料理。

淺嚐時尚料理廚房的菜單上，西式經典菜餚融入新創意的傳統客家美味，還有越籍媳婦帶來的南洋風味，彼此激盪，打造出傳統菜式的新風貌，想必未來一定有更多的創意佳餚出現。

老饕推薦

戀戀木瓜香
有著美麗名字的這道越式涼拌木瓜絲，是阮氏秋的傑作，充滿南洋風味的清甜醬汁，搭配青木瓜絲爽脆的口感，是最佳的開胃菜。

客家小炒
客家最家常的一道小炒，也是廖家婆媳聯手，拔得頭籌的冠軍菜。從零開始學習的越南媳婦，已經能在廚房獨當一面，這道客家料理，當然也難不倒她。

美味路標

台中市潭子區雅潭路一段 51 號
(04) 2535-8511
11:00 ～ 22:00（除夕至初一公休）
平均每人 250 ～ 400 元
不可刷卡
www.lighttaste.com.tw

155

心宜草堂

智慧傳承　中藥店變食堂

「阿嬤那個年代做給我們吃的藥膳食補，單純而美味，充滿阿嬤希望家人健康的暖暖心意。」——嘉義永昌堂蔘藥行的媳婦，傳承阿嬤健康與美味的智慧，開起藥膳餐廳，除了讓中藥入菜，也將中藥加進手作香皂、用中藥材編出螃蟹等小動物當擺飾，給中藥一個新風貌，亦顯現出台灣人的創意無所不在。

隱身在嘉義市民國路旁的永昌堂蔘藥行，雕花木門散發著古色古香的氣息，和相鄰的傳統矮房並立，顯現出不協調的美感。推開店門走進，中藥鋪藥櫥、櫃檯、地板，處處擺滿中藥材和藥草，還有花卉草茶，各有其養生的目的與用法，讓人目不暇給。其中還有新鮮的自製麵包，好吃有嚼勁，是中藥店裡的另類商品。

祕密花園，阿嬤的手路藥膳菜

驚奇還在後頭，隨著中藥香往藥鋪子裡走，攀上樓梯，穿過另一道門，就是這家漢方藥店的餐廳——心宜草堂，若沒有提示，實在很難從建築外觀看出店裡別有洞天。位在二、三樓的餐廳，其布置、裝潢和擺設以中國風妝點，就連高高掛著的燈籠上，都寫著書法詩詞，空氣中散發中藥香，頗能定人心靈。店裡擺飾的中藥蠟燭、裝飾，都是出自老闆娘——心宜草堂開設的最大推手，彭妙玲的巧手。

彭妙鈴剛嫁作蔘藥行的媳婦時，完全不認識任何中藥材。後來才開始每天上課學習中藥知識、背誦各種藥材的名字和藥效，現在，對中藥材的名稱、製程、療效、入菜口味都已瞭若指掌，這中間可是歷經漫長的辛苦歷程。不幸的是，2001 年，一把無名大火襲擊永昌堂蔘藥行，把店面燒得精光，讓彭妙鈴和先生轉眼間一無所有，但她不灰心，燃起了重生的鬥志。蔘藥行在原址重建後，她決定開設以中藥入菜的養生餐館，這就是心宜草堂的起源。

由於自家就是中藥店，讓彭妙鈴回想起阿嬤親手做的藥膳食補：單純而美味，蘊藏著希望家人健康的暖暖心意，像是菜單上的茄冬雞、狗尾雞、仙草雞等菜色，都是阿嬤的手路菜。手藝不錯的老闆娘沿襲阿嬤的食材配方，每一道藥膳都採用自家樓下祖傳3 代老藥鋪的藥材，藥材都是自家人製作、曝曬、蒸煮、刨切，確保製程品質以及不會有不當添加物，讓大家可以吃得很安心。

掌握藥材，依照節氣調整食材

一般食補最講究的就是要隨著四季節氣來調整食材，因此身兼主廚的彭妙鈴，會按照中醫養生原則，搭配當季特產來做菜色變化，講究不燥、不火，即使一碗白飯，也得充分掌握各種穀類配置比例均衡，讓每位客人都能吃到健康。若是不知道該如何點餐，店內服務人員對於餐點都能詳盡描述，包括特色、療效等都介紹得十分清楚，服務態度令人安心。

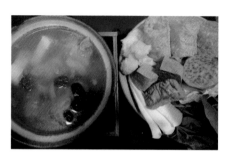

心宜草堂顛覆了傳統藥膳印象，一坐定，一大壺花草養生茶便端上桌，倒入陶杯飲用，喝得出回甘的滋味。既然重養生，蔬菜沙拉是少不了的，老闆娘的爸媽家種菜、種果，都成為料理的一份子；接著服務生端上了陶甕餐具，掀開木製蓋子，裝盛的是當令的鮮甜水果，避免水果氧化，心宜草堂費心選用木蓋及陶甕保護，是細心又貼心的服務。從食器到內裝物，都顛覆了一般藥膳餐廳的感覺。

吃的是養生餐，上菜順序當然也有養生概念，因為水果易消化，所以在湯之前上：蔬食沙拉、水果、湯品，然後才輪到主食。由於彭妙鈴和夫婿嫻熟藥理，魚雞等食材應搭配哪些藥材才能符合需要涼補、溫補的季節，都游刃有餘，不怕吃了影響到健康，這種無負擔的放心感使人不禁大快朵頤。

心宜草堂的做菜主張非常簡單，多以蒸煮燉取代油炸，且少油、少鹽不加味精，是很家常的口味。為了品質管控，每位客人點的餐點，都由老闆娘親自料理，不假他人之手，也因為做工繁複，每餐每道主菜都有一定的量，所以建議前往餐廳前要預約。

 美味路標

🏠 嘉義市民國路 159 號 2 樓
☎ (05) 277-1996
🕐 午餐 11:00 ～ 14:00、下午茶 14:00 ～ 17:00（有火鍋、輕食）、晚餐 17:00 ～ 22:00（最後點餐時間 20:00）；週一公休
💲 主餐 330 ～ 380 元
💳 不可刷卡

老饕推薦

茄冬燜雞腿

烹調工序繁複，需要提前 3 小時預訂才吃得到。
選用葉柄帶紅的紅骨茄冬葉入菜，茄冬葉利腸胃，
搭配去骨的雞腿塊醃鹽，包進茄苳葉內，加點酒
燜 70 分鐘。以燜煮方式呈現的雞肉，入口更加香
Q 鮮嫩。

天麻蒸鱸魚

天麻是藥膳常用，也是傳統名貴的中藥材。
這道菜的做法不難，先將天麻泡水洗淨，加
上薑、黃耆、枸杞，補藥酒半杯和海鱸魚一
起，蒸 10 分鐘，就大功告成。蒸出食材和
藥材的鮮度，湯頭滑潤又順口，魚肉厚實，
沒有吃補的感覺。

八珍養顏雞湯

八珍指的是四君子和四物，是秋冬調理氣血的好
選擇。雞肉汆燙後加入八珍，用中鍋燉煮即可。
烹調方式簡單，香氣足、味濃郁，能促進血液循
環、養顏美容，十分適合女性。

苦茶油雞

與一般用薑爆香後熱炒的烹煮方法不同，心
宜草堂的苦茶油雞是先將雞肉汆燙，以米
酒、苦茶油和薑一起燉煮後，再放入陶鍋，
最後蒸煮。吃起來不油不膩，感受得到健康
特色。

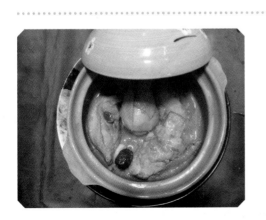

159

府城藝術轉角

荒地再造　盎然綠意中品健康餐

為了愛護身體健康、為了減低對環境造成的壓力……，許許多多不同的原因，讓「蔬食」成為近來最夯的餐飲主題。台南「府城藝術轉角」的水幕餐廳也推出蔬食鍋，不同的是，別家餐廳的蔬食多是以蔬菜、水果入菜，而府城藝術轉角端上的卻是組合國王菜果、辣木、小紅花、原生昭和草等等的藥草盅，汆燙後的藥草與肉類捲在一起食用，滋補養生，口感更佳，是府城藝術轉角的專屬滋味。

老台南人大概都有個印象，在健康路和大同路轉角處，曾有一大塊長年被鐵皮圍住的雜草空地。現在，經過在地政府和業者合作，將荒地整平、野草拔去，種下花花草草，搭出花蓮水池，以燈光、園藝營造出城市花園的氛圍，構築出「府城藝術轉角」藝文展演廣場。

廢地新用，慢活休閒皆適宜

設立「府城藝術轉角」的東東餐飲企業，旗下現有 14 個餐飲品牌，在台南，幾乎無人不曉。董事長李日東，因為喜歡吃，所以把「美食」當成夢想；「開一家與眾不同的餐廳」更是他的人生堅持，而「只想讓顧客吃到好料理」則是身為廚師的李日東的原則，因此，雖然旗下餐廳各有特色，但不管在哪裡，使用新鮮的食材下廚研發新菜色，是他最重要的信念。

喜歡運動又重視養生的李日東，從事餐飲業多年，一直想開一間符合現代人健康養生，又注重環保概念的餐廳。在成功標得健康路和大同路的轉角荒地後，他終於願望成真，規畫了結合藝文的府城藝術轉角，利用落地玻璃建構出的玻璃水幕屋，當作用餐空間，主推藥蔬湯本鍋料理，希望讓客人吃得健康又安心。

府城藝術轉角更以兩大特色受到台南人的青睞，其一是餐廳堅持的健康環保綠主張，另一個則是這個區域所擁有的藝文氣息。李日東在餐廳旁設立藝文展演廣場，落實文化藝術的推廣扎根；更聘請知名設計師規畫維多利亞風格的「真愛轉角」戶外婚禮會場，這同時也是台南首座戶外婚禮宴場。此2項特色完全符合李日東的信念：要做，就做不一樣的。

迷人藥草，純淨高纖體內環保

除了建築物外型，讓這家餐廳得到廣大口碑場讚賞的就是藥蔬湯本鍋料理，主角「藥草盅」裡的藥草，是愛登山的老闆從原住民生活中找食材時得到的靈感，以藥草取代一般火鍋料理常用的蔬菜，讓顧客可以吃到健康與原味。

這些藥草來自台東中高海拔山區，有專人採摘，每天從產地新鮮直送，不定期有神仙草、粉菜、甲酸漿、雞腸草、長葉腎蕨……等，其中有些還不常見呢！因此服務人員端上裝在白色心形瓷碗裡的藥草盅時，會貼心的介紹藥草內容及用餐方式，也提供書面藥草解說參考，可以一邊用餐，一邊按圖索驥認識自己吃的藥草。

「不一樣」的建築物

這樣「不一樣」的信念，從走進府城藝術轉角的水幕餐廳，就可以發現。首先是挑高的玻璃帷幕空間裡，充滿綠元素，以假草做成的牆面，區隔出桌與桌之間的私密性，利用假草鋪成的綠，營造出綠意盎然的舒適色彩，讓人不自覺放鬆心情。也因為光線能透過玻璃進入，整棟建築看來十分明亮，而外觀玻璃上不斷循環的水幕，能使整座建築物降溫，減少對冷氣的仰賴，節省能源，可說是一棟環保綠建築。

不過，雖然主打藥蔬料理，但不純粹只有素食，而是以多吃新鮮蔬菜來支持節能減碳，愛護地球。為減少肉類、化學添加食材的攝取，自助吧提供的數十道菜色，僅有少數手工丸類，其餘食材都是新鮮無加工的食物，且盡量以涼拌、蒸煮，不用油炸來呈現菜色原味，從料理到顧客食用過程，大幅縮減碳排放量，也因此榮獲「2012 低碳蔬食行動餐廳」的殊榮。來到府城藝術轉角，你能以樂活、慢活的態度，享用最自然的食物，藉由最原始的食物，找回食物最初的感動。

➡️ 美味路標

🏠 台南市南區健康路一段 77 號
☎️ (06) 213-3355
🕐 平日 11:00 ～ 14:30；17:00~21:30
   假日 07:30 ～ 10:30；11:00 ～ 15:00；17:00~21:30
💲 蔬食火鍋每份 360 元起；假日樂活早餐成人 149
   元，兒童 60 元（110 公分以下）；轉角樂活吧飲料
   20 元起
💳 可刷卡
🌐 artcorner.dondom.com.tw

老饕推薦

時令海鮮鍋

主菜內容有生蠔、蝦、蛤蜊等等，食材來源是台
南在地的海鮮，搭配不添加人工味精僅以天然藥
草熬製的湯頭，輕輕涮幾下即可夾起入口，新鮮
自然不在話下。吃得出新鮮氣味。

牛肉鍋

府城藝術轉角的牛肉鍋吃法與眾不同。先
夾一片牛肉快速在湯頭中涮幾下，捲進汆
燙過的藥草裡，沾用各種養生醬汁，品嘗
起來口感清脆，滋補養生。

養生藥草蛊

是府城藝術轉角的最大賣點之一。搭配主菜上桌，
盛裝有如綠色盆景，藥草至少有將近 20 種，其
中，90% 的養生藥草是在台東中高海拔野生成長。
加入湯頭汆燙就可食用。入口鮮而不苦，還可搭
配肉類、海鮮一起吃，一掃「藥」的形象。

國王草蛋捲

國王草因營養價值居蔬菜之冠得名，是埃
及豔后保持青春美豔的祕方，富含鈣質、
鐵質、葉紅素。以低糖低油概念，做成的
蛋捲入口酥脆、口感扎實，香氣濃郁，讓
人回味無窮。

勝洋水草餐廳

小小水草　闖出好名聲

好人情和酷創意，也可以小兵立大功，發揮出令人刮目相看的好成績。宜蘭員山鄉的勝洋水草餐廳，主人在荒廢的魚塘種起水草，讓水草不僅是放在水族箱內觀賞，還可以親手 DIY 做成環保生態瓶、水草盆栽；最特別的是，善用創意研發讓水草入菜，與其他食材結合，做出一道道的精美菜餚。

走進勝洋水草餐廳所在的同名休閒農場裡，以「生態博物館」為概念而建的水草館，輕易的吸引了眾人的目光。這座編號 12 的宜蘭厝，是針對宜蘭的地方風土、氣候特色，且考量農場主人種植水草等的需求量身打造的住家，尊重、反映這裡的自然與人文特質，才是真正宜蘭厝。

在知名建築師程紹正韜的設計下，水草館的外觀是以極簡風格代表元素的清水模、玻璃、金屬等建材架構而成，整體展現出粗曠中帶有細膩的簡約風格。值得一提的是，設計師將建築沒入水池與水生池合而為一，以降低對環境的影響。整座建築的視野遠處是綠色山脈，近處則是波光瀲灩的水草養殖池，動人的美麗環境，令人難以想像這裡曾經是荒廢魚塘。

魚塘再造，水草創意無限

勝洋水草餐廳主人徐志雄的父親，原以養殖業起家，養鰻魚謀生。後來，因鰻魚外銷受挫，轉養其他魚類也都不太理想，最後只好關掉養殖場，養殖池也因此荒廢。

直到徐志雄當兵退伍後，在從事水族貿易朋友建議下，和弟弟一起開始栽種起水草，自德國、荷蘭引進水草系統。回憶起當時，學電子的徐志雄說，種植水草是新鮮行業，資源不足，書店裡水草相關書籍不多，只能強迫自己讀原文書，因為英文能力不好，只能嘗試從錯誤中學習。

為了開拓水草的市場通路，由弟弟負責種植，徐志雄負責開店經營水草買賣招攬生意，還去學水草造景。生意慢慢做大後，太太和妹妹也開始研究如何將水草和食材搭配，做出美味餐點，家族成員攜手投入水草世界。在 2003 年，成立了勝洋休閒水草農場，轉型做休閒農業。

應用食材，無菜單手作料理

印象中，提到水草想到的就是水族箱裡熱帶魚的好夥伴。徐志雄說，其實水草植物範圍之廣，在生活中隨處可見，例如三餐吃的稻米、四神湯裡的芡實，還有市場裡賣的茭白筍、荸薺，都是水生植物，也可屬水草類。因此到勝洋品嘗水草餐，也像上自然課般有趣。

2008 年開始營運的水草餐廳，賣的是與水草有關的料理，由主廚團隊運用當季水草研發設計出餐點，堅持農業產品在優良的品質之外，更拓展到文化休閒與土地關懷的層面，這樣的用心，讓勝洋水草餐廳成為全台獨一無二的水草主題餐廳。徐志雄說，剛開始花了 1500 萬打造餐廳，但因無人知曉，沒有客人，後來決定改成無菜單料理，避免食材浪費，讓客人每次來都能吃到不同的水草及餐點，反而造成另類期待。

有吃又有玩的休閒農場

2001 年，「勝洋水草場」成立，決定以結合觀光休閒和生態生活化的概念推展；2003 年改名為「勝洋休閒水草農場」，增設了水草博物館、水草餐廳與水草休憩園區，轉型做休閒農業。原本農場中的水草，從僅有二、三十種，增加到四百多種。

勝洋還運用水草巧思做出各種創意應用，如最受歡迎的環保生態瓶 DIY，放入水草、藻類、小魚蝦，成一小小生態圈，不用刻意餵養，魚蝦也可以活 9 年。勝洋還貼心提供免費清理生態瓶，吸引了不少回流客，增加回流率。這樣的獨特創意，為勝洋獲得休閒農漁業園區創意大賽農業體驗 DIY 組第一名。

水草入菜，驚喜中見平常

餐食分為合菜與套餐 2 種型式，含前菜、主菜、湯品、甜點及飲料等 8 道菜餚，不但飽足感十足又超值。帶香味的水草可做為香料，在料理中擔任提味的角色。

田香豬腳以香氣如八角般強烈的大葉田香做為香料，並選用當日現宰溫體豬、肥瘦適中的中蹄部位，將大葉田香塞入豬腳中後經炸、滷、凍、蒸等手續，如八角般的香氣隱在豬腳黏滑膠彈的肉質裡，非常開胃。而水草雞湯使用的蘆蒿，葉子濃郁的氣味與雞高湯一起蒸後，雞湯散發出的層次明顯又富有香氣！宜蘭特有的蓴菜，又名水凍，莖葉背面會分泌出的透明狀黏液，在勝洋則做成具有酸甜滋味的甜點凍。

水草能變化出的料理美味，讓人越吃越驚奇。更吸引日本、德國派人來觀摩，甚至因招待印尼水草商品嘗水草料理、水草冰淇淋，讓印尼商也想回去開一間。儘管週休假日的勝洋都已是遊客滿滿，但徐志雄仍希望未來能繼續為水草加值，增加更多可能性。

美味路標

🏠 宜蘭縣員山鄉尚德村八甲路 15-6 號
☎ (03) 922-5300
🕐 平日 11:30 ～ 14:00、17:30 ～ 20:30；
　　假日 11:00 ～ 15:00、17:30 ～ 20:30
💲 無菜單料理每人 550 元（含服務費）；
　　合菜 5500 元、6600 元
🚫 不可刷卡
🌐 www.sy-water.com.tw

老饕推薦

田香豬腳

田香是台灣鄉下經常可見的植物，不僅是天然防蚊液，葉甜回甘還可做香料。這道田香豬腳是先用大葉田香醃漬豬腳入味後油炸，嘗起來外皮酥脆，豬腳肉略帶咬勁，是意想不到的滋味。曾讓德國女導演讚不絕口，直說比德國豬腳好吃。

水紫蘇沙拉

這是道開胃菜，水紫蘇有種香草香氣，吃起來爽口。主廚會先取葉子洗淨、瀝乾、剁碎；小番茄洗淨、瀝乾、切丁，加上去核後剁碎的紫蘇梅，將所有的材料混合拌勻即可。嘗來清淡卻又能開胃，不妨一試。

清炒蓮梗

蓮梗就是公園常見的睡蓮的梗，不怕颱風，水域愈多長得愈好。採花時順道摘下蓮梗，去皮切段，加上蒜、鹽，隨意清炒就很好吃，也屬養生菜色。

魚腥草雞湯

以魚腥草熬半小時的湯汁，加入少許米酒和鹽調味，和汆燙過的雞肉或雞腿燉煮40分鐘，再加入中藥材讓湯頭呈現甘甜味，多喝據說有降血壓的功效呢！

171

銘師父餐廳

落地深根　國宴主廚的堅持

在花蓮地區小有名氣的國宴主廚莊忠銘，在吉安鄉蓋了「銘師父餐廳」，2400 坪的面積中，用餐空間只占 600 坪，剩下的土地開鑿出生態池與小溪流，也把整地時移開的樹木種回去，放上能和環境呼應的奇石營造景觀，讓用餐的客人，一抬頭就有綠油油的景色可以欣賞。結合餐廳與生活，打造出他心目中的理想環境，也希望前來用餐的所有人都能感受到花蓮的緩慢，享受到真正放鬆的片刻。

善於使用當地食材做出創意料理的莊忠銘，在吉安鄉遇見了三代養菇的人家、有機蔬菜的農家，加上花蓮海鮮取得的便利性，以及各種優質肉品幾乎都有在地廠商，更讓餐廳裡的在地食材使用率高達 95%。把筍子切成筍片後，加上蝦漿做成筍捲；而原民部落食材 ── 馬告果實和葉子，放進烤箱烤，出爐後撒上糖粉，散發出逼人的香氣；

在地的原料，簡單的烹調，形成了一道視覺與味覺雙重享受的美味料理。

莊忠銘對料理的熱情與源源不絕的創意，向來讓人讚嘆，除了對當地食材的講究，對於食器的選擇，也讓不少死忠饕客津津樂道。學過攝影的他，在參加比賽時，認識了花東地區的陶藝家，開啟了對於器皿搭配的想法，曾經將紋路漂亮的木頭，當作是涼菜盤。這位在花蓮落地深根四十餘年的主廚，希望未來能在讓大家享受美味之餘，也替環境盡一己之力。而廚房規畫好購置能夠將廚餘轉換成有機肥的機具，將人類取之於自然的美食料理，回饋給大地。

老饕推薦

香梨鮮帶子
將夏季盛產的梨子切成三角形，放上香煎的帶子，淋上以柳橙為主的醬汁，再撒上葡萄乾，搭配有機蔬菜，鮮豔的色彩和清爽的調味，加上不同食材的口感，呈現出這道美麗料理的豐富層次。

竹炭龍蝦球
以火紅的龍蝦，搭配上黑色的竹炭麵做成；精巧的盤飾，顯現法式料理的美感。而淋上的醬汁，除了有海鮮的甘美，鹹香適中的調味，更讓人回味無窮。

美味路標

🏠 花蓮縣吉安鄉太昌村明義六街 38 巷 22 號
☎ (03) 858-1122
⏱ 11:30 ～ 14:30；17:30 ～ 21:00
💲 個人套餐 680 元起、10 人份合菜每桌 3500 元起
📇 可刷卡
🌐 www.facebook.com/ChefMing

幸福頂滋味

你，嘗過幸福的滋味嗎？

無論是在宴會中和親友分享喜悅，

還是在頂級餐廳裡與愛人舉杯共飲，

嘗在嘴裡，歡喜在心裡。

基隆港海產樓

喜宴名所　現撈澎派海鮮

在入口網站輸入「基隆港海產樓」，按下搜尋鍵，就會出現一篇又一篇的婚禮紀實，敘述著在這裡舉辦婚禮宴客的經驗。基隆港海產樓，是號稱擁有基隆地區最大的婚宴場地和包廂，除了場地大方氣派、燈光美氣氛佳之外，標榜著每天進貨新鮮海產食材，更是餐廳被新人青睞的重要原因。

以舉辦婚宴著稱的「基隆港海產樓」，餐廳本身也有著美麗的愛情故事。原籍宜蘭的老闆遇上了家住基隆的老闆娘，婚後，廚師出身的老闆和太太倆人胼手胝足，以基隆在地新鮮海產為食材，在基隆開起小吃店。後來，隨著大環境的轉變，共搬了 3 次家，餐廳的型態也從小吃店階段性轉型成大型宴會場地。在老闆夫妻同心打拚下，基隆港海產樓在 2014 年將會邁入 30 周年慶。

買賣原則，堅持「三好一公道」

30 年前，老闆夫妻開店的初衷，是想讓客人有可以辦尾牙、滿月酒，以及和家庭朋友聚餐的場所，因此開了小吃店，以裝潢好、服務好、菜好、價錢公道的「三好一公道」原則服務客人。因為基隆是北台灣的海產重鎮，所以當地人吃海鮮的機會比一般人多，似乎也比一般人挑嘴，但基隆港海產樓在會做菜、懂食材的老闆的把關下，靠著好口碑，以小吃店打出名號。

老闆娘說，目前市場上大型餐廳都主打婚宴，為順應市場趨勢，基隆港海產樓的 2 層樓空間內，也都各自規畫有婚宴場地。除了滿足婚宴市場外，也沒忘記老主顧和一般客人，所以餐廳內也提供套餐，單人 500 元起跳，就吃得到招牌小龍蝦、鮮魚；800

元以上的套餐，依價格不同，料理內還有魚翅、鮑魚等高單價食材，餐後還提供飲料，價格算是十分合理。

若覺得套餐分量太多，也可選擇單點方式。基隆港海產樓的菜色琳瑯滿目，海鮮、家禽肉類、麵飯類、湯類都有，多數分量還有大小之分，可依實際人數斟酌點菜，或者廚師們也可以依照客人提出的口味或喜好需求，訂做想吃的菜餚口味。而且因為基隆臨海，菜單主打海鮮料理，老闆娘強調新鮮最美，講究食材新鮮，就不必添加其他佐料，用清蒸就很好吃。

天天進貨，新鮮看得見吃得到

秉持著新鮮就是王道的原則，基隆港海產樓的主廚李國華每天清晨 3 點左右，就得親自趕往基隆廟口附近的崁仔頂魚市場去選魚。天未亮，魚市裡早已擠滿買魚的攤商或餐廳老闆，喊魚競標的聲音此起彼落，李國華則是遊走各攤間，見著了心儀的魚貨，就請人標購。

其中像是李國華常用來做生魚片的野生大目鰱，一天選購得到 3～5 尾就很了不起，強調新鮮現煮；主打菜閹雞用的是台東放山雞，勤於運動的雞隻，肉質結實好吃，有不少客人吃不過癮，還會外帶回家跟家人分享。

精緻手工奶酪

你沒看錯，海產樓的團購是甜點奶酪！奶酪是由基隆港海產樓提供的餐後甜點，採用日本進口的原料，連甜點也是由餐廳本身製作，用心程度可見一斑。從前並沒有單賣，但因為客人吃過後好評不斷，因此也就額外做起了賣奶酪的生意，最受好評的是紅豆口味。

每天親自採買海鮮的李國華，堅持用當季最新鮮以及基隆在地食材，烹飪用法則盡量簡單，好讓客人吃到原汁原味。生魚片都是選用當季最新鮮的漁獲當食材，譬如冬春之際，就是午仔魚和白鯧最應景。菜單時時在變化，只要創作了新菜色，就會加進去。主廚和廚師們一直朝著提升品質以及食材新鮮度而努力，也希望讓客人一進餐廳就有回到家，那種滿意舒服的感覺，才符合老闆夫婦創業時服務客人的初衷。

 美味路標

🏠 基隆市信義區信二路 181 號
☎ (02) 2427- 8026
🕐 10:00 ～ 21:00
💲 平均消費每人 500 元
💳 不可刷卡
🌐 www.keelunggang.com.tw

老饕推薦

白片閹雞

長期與養雞場配合，特別選用一隻約 4.5 斤的放山雞，先用獨家配方醃過再蒸，白斬切片盛盤上桌。雞肉的肉質鮮嫩有嚼勁，油質分布均勻，自然香甜，是饕客必點菜單之一。

西魯魚魟

改良自宜蘭名菜西魯肉。以大白菜作為鍋底加上特製高湯，還有香菇、紅蘿蔔、竹筍……等材料切絲後，加上魚魟，也就是魚翅旁的那塊「皮」，勾芡成羹，標面撒上蛋酥，是道很熱鬧、澎派的菜，很適合宴客。

龍鬚明蝦

這是道創意菜，靈感來自炸蝦天婦羅。把採用 8 ～ 10 尾一斤的新鮮明蝦，取其口感有脆度，不像草蝦那麼軟。用德國麵線包裹後油炸，起鍋後，口味酥脆、香氣濃郁，麵線能夠化解油炸的油膩感，搭配美生菜食用，味道恰恰好。

大目生魚片

店裡最受歡迎的生魚片。李國華主廚選用 1.5 斤到 2 斤一尾的大目鰱，口感 Q 彈，油脂豐潤，很適合拿來做生魚片。但因為採用的是野生的大目鰱，可遇不可求，饕客可以預約，但不保證一定吃得到。

Lamigo 那米哥宴會廣場

台粵日料理　宴席小聚皆合適

舉辦宴會，要讓齊聚一堂的親友享受歡樂之餘，還能品嘗到美食，才算賓主盡歡。「Lamigo 宴會廣場」從這個角度出發，請設計師打造精緻空間，延攬大廚團隊掌舵，用最嚴格的標準料理，來服務每一位賓客。

Lamigo 宴會廣場擁有萬坪空間，設計師在每一個樓層安排了不同的風格，讓用餐環境呈現藝術氛圍；空間變化彈性，不論是上百桌的宴席，或是精巧的宴會都很恰當。更貼心規畫超過四百多個與會場相連接的專屬停車位，讓主客都能省去找停車位的麻煩。除了主角之外，餐桌上的美味佳餚，更是宴會的一大重點。宴會菜色的食材必須講究，菜色要夠氣派，擺盤要有時代感，餐點更要求健康。因此由專精粵菜、台菜、日式料理以及雕工的 4 位主廚組成的 Lamigo 廚師團隊，就用創意破除了健康與美味

無法兼得的刻板印象。宴會菜上必備的「龍蝦冷盤」，用的是健康的優格，沒有多餘油脂的負擔，酸甜的滋味和龍蝦肉一起入口更是絕配。為了環保捨棄了魚翅，用精燉慢熬的雞湯為底，端出「干貝繡花球」這道菜，多元的口感和醇香的高湯，更勝魚翅。

Lamigo 對於料理的重視，也展現在廚房環境與流程上。為了確保食物的品質，規畫之初便按照最嚴格的衛生標準打造廚房重地，更成為新北市唯一一家通過食品安全管制系統 HACCP 嚴格標準的餐飲業者。想要嘗嘗師傅的好手藝，不必等到朋友舉辦宴會，即便只是幾個姊妹淘，或是小家庭的聚餐，來到 Lamigo 都能享受到宴會等級的手藝與佳餚，何樂而不為？

老饕推薦

蟹黃豆腐煲
精選口感爽脆飽實的蝦仁，搭配上香味滿分的蛋豆腐，以特調的蟹黃醬一起煨煮。經過慢火的催化，海鮮的鮮甜與豆腐的香氣融為一體，創造出品嘗時的趣味。

爆漿豆腐包
在網路人氣居高不下的這款包子，內餡由營養滿分的豆漿、豆腐為主角，與奶油經過高溫調理後，形成綿密的質地。撕開包子時，熱燙內餡緩緩地流出，散發著豆香呢！

🡲 美味路標

🏠 新北市汐止區大同路三段 611 號
☎ (02) 2690-5966
⏰ 11:30 ～ 14:30；17:30 ～ 21:30（週一公休）
💲 平均每人 280 ～ 400 元；套餐 300 ～ 600 元，
　　經濟合菜 4 人 1280 元、6 人 2480 元
💳 可刷卡
🌐 www.lamigo-wedding.com.tw

海霸王餐廳

霸占美味　海鮮餐飲教主

對五、六年級生來說，聳立在中山北路上的海霸王餐廳，是個美食地標。生猛的海鮮，既專業又親切的服務人員，以及廚師們精準的火候和充滿層次的調味，讓人每一口都嘗得到海的味道。數十年來，不論餐飲市場怎麼變化，「海霸王」永遠端上最新鮮的料理，更數度引領了餐飲市場的潮流。

海霸王以生猛海鮮改寫了台北的餐飲市場，還曾創造出百元海鮮自助餐、199 元火烤兩吃等諸多話題，吸引大批的人潮，讓每個世代都留下難忘的美味記憶。更堅持實在的價格，至今未曾改變。早在高雄創店之初，海霸王就申請了 5 張水果產銷執照以及

2 張台北漁產承銷執照，把自己變成承銷單位，省去盤商的中介，直接將買食材省下來的費用，全反映在價格上，回饋給消費者。在菜色方面，大家懷念的酒家菜，包括：魷魚螺肉蒜、蛋黃大蝦等等，年輕人聽都沒聽過的料理，都是主廚最熟悉的料理；人氣料理口袋餅蝦鬆，則是主廚的新創意；口味新穎的南瓜米糕盅，顛覆了印象中和米糕搭配的幾樣固定食材，既有新意也有美味。

從三十幾年前，做為接待重要的政府官員或是政商名流的宴客場所，一直到現在，成為不少來台旅行的遊客，必定造訪的餐廳之一，那份款待的心意，一直都沒有變。不論客人是誰，如何能端出最新鮮、最好吃的料理，對海霸王來說，才是最重要的事。

老饕推薦

鮮魚芋香鍋
以魚骨熬製的高湯為底，加入油炸處理過的新鮮魚肉，及米粉、自製福州丸、燕餃、芋頭等配料，以蒜苗、韭菜、油蔥酥和芹菜提味，整鍋魚湯充滿鮮味。

櫻花蝦米糕
嚴選富含鈣、蛋白質的 A 級東港櫻花蝦、大甲芋頭、油花均勻的火腿，以及新鮮蛋酥、香菇絲和糯米一起拌炒。趁熱吃，感受櫻花蝦的香脆和米糕軟 Q 的口感。

鳳貝砂鍋雞
這道獨門雞湯是以百隻雞一起熬煮出濃郁的湯頭。食用前先加入青菜盤，讓新鮮蔬果精華融入雞湯中，整鍋充滿濃郁鮮甜，營養美味兼具。

 美味路標

🏠 台北市中山區中山北路三段 59 號（中山店）
☎ (02) 2596-3141
🕐 平日 11:30 ～ 14:00；17:30 ～ 21:00；週六、日 11:00 ～ 14:00；17:00 ～ 21:00
💲 懷念料理桌菜平均每人 275 元起，龍翅套餐每人 890 元起，旅遊團膳、婚宴桌菜提供客製化服務
📧 可刷卡
🌐 www.hpw.com.tw

華泰王子大飯店　楓丹廳

歐陸料理　新奇美食體驗

「華泰王子大飯店楓丹廳」有著極具法國風味的名字與裝潢，座位區既舒適又具有私密性，散發溫暖的復古氛圍。成立至今，歷經幾次不同餐飲型態的轉變，目前以歐陸料理為主。

打開楓丹廳的菜單，16道前、主菜一字排開，沒有設定好的套餐，沒有搭配好的組合，不受拘束的點餐，把選擇餐點的自由交還給客人。上菜時，客人也可以參與料理最後的味覺整合過程。以常見的奶油水波蛋培根義大利麵來說，主廚將所有烤好的整條培根、水波蛋、干貝等等食材分別呈上，客人可以先單獨品嘗每一個食材的味道，再決定如何將這份義大利麵 mix 在一起。如此一來，盤中所有的食材，都有機會被單獨檢

視，也是對廚師的大考驗。但這樣的方式獲得了不少老客人的正面回響，可見主廚的巧思與用心，透過食物百分之百的傳達了。

在歐陸料理的傳統下，主廚也以在地食材，創造出新的特色。如以烏骨雞胸來烹煮西餐常見的雞胸肉料理，烏骨雞本身強烈的風味以及肉質的特性，必須重新思考火候、配菜或調味料，還得達成本地人或外國人2種不同飲食文化的期待，不容易，但是楓丹廳做到了。此外，還有許多做工繁複的經典料理手法，比方說，由一公斤的龍蝦頭與等量的水，反覆過濾，熬製到最後剩下不到 100 毫升的天鵝絨醬汁，打成泡泡後，成為餐盤上最美的風景。這些用心做料理的態度，正是楓丹廳深受饕客喜愛的原因。

老饕推薦

楓丹脆煎櫻桃鴨胸

採用台灣宜蘭的櫻桃鴨胸，將表皮煎得香酥後再送進烤箱烘烤。上桌時搭配蜜漬櫻桃、無花果乾，果實酸甜風味與鴨肉相呼應。

炭烤鮮蔬牧場豬排

使用來自美國蛇河農場的頂級黑豚，油花宛如大理石石紋般，以最原始的炭烤來料理，呈現食材的原味，搭配自製的海藻鹽，襯托頂級黑豚的美味。

楓丹嫩煎鮮鮭

主食材是加拿大現流鮭魚，淋上以煎過的龍蝦頭熬煮而成的天鵝絨醬汁，展現入口即化的海洋鮮味。一旁的麵疙瘩外層煎得焦香，入口彈牙，又充滿馬鈴薯香氣。

美味路標

🏠 台北市中山區林森北路 369 號
☎ (02) 2581-8111#1512
⏱ 11:30 ～ 21:30
💲 每人平均約 700 元
💳 可刷卡
🌐 www.gloriahotel.com

Hotel ONE 頂餐廳

46 樓頂 品嘗乾式熟成牛排

位在 Hotel ONE 頂樓，46 樓的 Top of ONE「頂餐廳」，是台中最高的頂級餐廳，因為絕佳的視野及外籍主廚坐鎮掌廚，再加上乾式熟成牛排的魅力，吸引許多饕客的目光。

走進頂餐廳，一眼就可以看到牛肉熟成櫃，上頭標註著熟成天數，這裡的牛肉採取乾式熟成，可別小看這透明櫃，最基本的設備熟成室和熟成櫃都必須花費巨資打造。除了硬體設備，還需要有經驗足夠的主廚，隨時觀察牛肉的熟成狀態，加以調整各種溫溼度。等到牛肉熟成天數足夠，達到最美味的巔峰時，需把外圍已經風乾的部分切除，只留下中心充滿熟成風味的一小塊鮮美牛肉。也因此採取乾式熟成的牛肉，通常價格比較昂貴。畢竟經過了至少 14 天的醞釀，大概有將近約 30% 的牛肉必須切除，也算是昂貴有理的一道美食。

為了搭配這麼好的牛肉,頂餐廳選擇了多款美酒,不定期更換酒類商品,就放在餐廳內的酒車上。為了突顯牛肉本身的美味,頂餐廳也貼心地準備了多款沾食用海鹽,讓消費者親自挑選,選好了服務生就會在桌邊幫你現磨。其中,主廚更特別推薦從法國、西班牙、馬來西亞、義大利等地進口的高級海鹽。想搭配醬汁的人,主廚也準備了普羅旺斯奶油、松露奶油、干邑綠胡椒以及紅酒百里香等等醬汁,每一種都能和牛肉激盪出無比的好滋味。

老饕推薦

鴛鴦菲力牛排
選擇牛身中運動量最少的腰內里肌,肉質滑嫩且脂肪較低,主廚以爐烤方式將鮮甜肉汁完全封存,口感鮮嫩美味讓人驚豔,為老饕級不可錯過的美味佳餚。

熟成特級美國帶骨牛肋眼
肋眼富有豐富的油花,經過 14 天或 28 天熟成之後,油脂的美味與過程中產生的肉汁結合,口感與風味都更加細緻。而頂餐廳特別設置美國 Broiler 烤爐,可加熱至 1300 度,將牛肉表面烤至香酥,內部柔嫩,讓肋眼獨特的脂香表露無遺。

美味路標

🏠 台中市西區英才路 532 號 46 樓
☎ (04) 2303-1234(轉頂餐廳)
⏰ 午餐 11:30 ～ 13:30;下午茶 14:00 ～ 16:30;晚餐 18:00 ～ 21:30
💲 午餐 1080 元起,下午茶 520 元,晚餐 1880 元起(加 10%服務費)
💳 可刷卡
🌐 www.hotelone.com.tw

女兒紅婚宴會館

賓主盡歡 台中精緻宴席

台中的「女兒紅婚宴會館」,有別於台中地區總是以大空間,大數量取勝的餐飲文化,以精緻、頂級的走向,打造專屬新人的空間與佳餚。

婚宴菜色,以粵菜為主,整套菜單用了不少頂級海產,而且每一場宴席的海鮮更堅持在最新鮮的時候送達。除了宴客大菜,主廚也在菜色開發上展現創意。採用日式做法做成的紅酒釀鮮鮑,以紅酒及日式醬汁醃漬鮑魚,讓鮑魚風味更加鮮美。法式咖哩蝦原是將所有餡料,通通包在麵包裡,上桌時再由服務人員剖開給顧客享用,話題性十足。但是為了服務宴席時動輒兩、三百位賓客,則將麵包和咖哩蝦分開盛盤,方便取用,但無論如何呈現,口味絲毫不變。

女兒紅一開始就刻意不讓空間有多用途功能，百分百為婚宴打造，因此，設計概念可以完全被展現。女兒紅共有 3 個廳別，花裳廳用花朵構築而成的天花板，宛如古錢幣造型的花朵，有富貴之意；柱子上圍繞著紫色珠簾，讓空間看起來更加高貴典雅。玉宴廳選擇的是紅色的牡丹花，並以黑色為基底，突顯鮮豔的紅，紅黑的搭配既喜氣又時尚。空間最大的風華廳，則是以宮廷風格打造，金色的羅馬柱以及閃亮的水晶燈，好像走進貴族的皇宮裡一般，而金色與紅色的搭配，既尊貴又有氣勢。

若平時想嘗嘗女兒紅賴瑞榮師傅的好手藝，也可以到會館中的港式飲茶樓層，不論是正餐或下午茶，吃飽或吃巧都可以得到滿足。

老饕推薦

龍芽湯白雞
用港式煲湯手法，將整隻老母雞，加上金華火腿、上等豬肉以及土雞腳，細火慢燉一天半，讓所有材料的美味與湯汁結合，湯頭濃厚甘醇，喝得出湯裡頭天然的鮮甜。

Q 梅排骨
從嘉義買來好吃的梅子，蜜漬到梅子接近果凍的質地後，搭配排骨做成 Q 梅排骨，酸甜的梅子滋味加上肉質 Q 嫩的排骨，深受女性消費者的喜愛。

美味路標

🏠 台中市南屯區文心南路 99 號
☎ (04) 3600-6000
🕐 午餐 11:00 ～ 14:00；下午茶 14:30 ～ 17:00；晚餐 17:30 ～ 21:00
💲 港式飲茶平均每人 400 ～ 500 元，桌宴每桌 11999 元以上
💳 可刷卡
🌐 www.yourhome.com.tw

水相餐廳

眼胃兼顧　水與美食結合

到餐廳用餐，除了美食之外，往往還期待有個舒適的空間、獨特的氛圍，可以讓美食的回憶更加多采。台中的「水相餐廳」，正是一間美食與空間都讓人難忘的餐廳。以流動的水為主要發想的水相，巧妙的點出水與人之間的緊密關係，水除了是人類生活的重要元素之一，食物若是缺少了水這個重要元素，可能也無法成為一道料理。

500 坪大的用餐空間，分成 4 個區域，以四季元素設計。一樓是春天與夏天，二樓則是秋天與冬天，每個空間都有截然不同的設計與色調。以春天館為例，醒目的木質大長桌上一盆盆鮮綠的花藝，象徵著春天萬物萌生的意象；而廣受各種小型發表會顧客喜愛的冬天館，由白色系桌椅與牆面，構成了一片雪白的世界，讓人流連忘返。

水相在台中擁有高人氣的原因，不只是空間，還有美味的餐點。以法義料理為主，菜單上有法式風情料理「法式香草戰斧丁骨豬」，歐陸料理的「鄉村德國豬腳」，當然，義大利麵以及各式燉飯也都能品嘗到。主廚更將自己在 2011 年全國創意料理比賽的得獎作品「普羅旺斯培根雞肉乳酪捲」，放進菜單中，讓大家也一嘗獲獎料理的滋味。

精彩的餐點之外，水相的下午茶也是饕客極力推薦。英式下午茶，滿滿 3 層的甜、鹹小點，重現了 19 世紀英倫貴族們的午茶時光。水相餐廳有著空間與美食的精彩搭配，讓到此用餐成為一段難忘的回憶。

老饕推薦

普羅旺斯培根雞肉乳酪捲
先用香料醃製雞肉，再鑲入杏鮑菇、起司，外層包裹上具有煙燻風味的培根。一刀劃下，流出的起司和迷迭香白酒奶油醬汁，每一口都是豐富多元的美味。

雙人英式下午茶
滿滿的 3 層點心，值得用一個下午的時間來慢慢品味。主廚還會不時推出不同口味的小點心喔。

義式爐烤野菇香草雞
選用肉質彈牙的土雞肉，在皮與肉之間塞進各式菇類，菇類特有的香氣提出雞肉的口感與美味。爐烤過後，表皮酥脆、雞肉多汁。

➡ 美味路標

🏠 台中市西屯區惠中路一段 117 號（惠中店）
☎ (04) 2258-1616
⏱ 11:00 ～ 22:30（除夕公休）
💲 平均每人 450 元，套餐 360 ～ 1280 元
🗐 可刷卡
🌐 www.aquatea.com.tw

豐饌魚翅

高貴饗宴　空間呼應美食的幸福食記

一次愉悅的用餐記憶，不只有美食佳餚而已，能在令人放鬆、舒服的空間中享用料理更令人期待。位在台中 7 期豪宅聚集區的豐饌魚翅，以水池與竹開展屬於東方的建築意境，呼應屬於東方的魚翅料理，營造出低調奢華又幸福滿滿的氛圍。

很少餐廳像豐饌魚翅一樣，把主體建築和用餐氛圍看得跟菜單規畫同樣重要。從 15 年前餐廳建造之初，在整座建築空間上，豐饌魚翅僅使用了 1 ／ 3 構建餐廳主體，其他的 2 ／ 3 就是花花草草、庭園造景、水池和綠化植栽，豐富了四周景象。

細膩貼心，打造隱密用餐空間

來到豐饌魚翅用餐，貼心的服務從踏入大門的那一刻開始。首先，走進隱身在豪宅群間的豐饌魚翅，餐廳的大門設在建築物的側面，如此一來可以避開過往車輛發出的喧囂噪音和空氣汙染，站在門內，感受到的是靜謐閒適。

考量著魚翅料理是很東方味的，因此在裝潢陳設上就以「東方」為基調，戶外 30 坪的水池中巧立孟宗竹，空間展現出簡約而不複雜的線條美；包廂內，廊道間，以溫潤的黃玉石、白水木、花梨木、蛇紋石等各種建材，搭配中國雀替、斗拱、明椅、花窗的工法，構築東方意象的空間。沉穩、古典風格加上柔和燈光，藉以匹配魚翅帶給人的高價值印象。

餐廳內設置有可容納約 120 人的包廂 5 間，以及約可放置 5 ～ 10 桌舉辦中型聚會的中式空間，包廂內有專屬接待服務人員；其中貴賓室更設計了隱蔽的出入動線，從進門就有樓梯可直接走上，不必穿行一般賓客之間才能上樓。這些都是獨立又隱密的空間設計，以容積比率來說，豐饌魚翅在打造空間的規畫上以「闊綽」概念來設計隱密空間，如此有隱私的安心用餐環境，也因此吸引不少名流客人，如前總統李登輝先生也曾是座上賓。

畫龍點睛，精緻湯頭烘托食材

豐饌魚翅的行政總主廚蕭文進，廚藝經驗將近 40 年，擅長廣東菜和魚翅套餐的他，因為精湛廚藝而成為前總統李登輝到豐饌用餐時的指定廚師。由於魚翅本身的口感平淡，為了突顯其珍貴，主廚加了金華火腿、上肉、老母雞等熬製費時 8 小時的高湯去煨，等魚翅吸收了高湯精華、入了味，再佐以類似法國手法的醬汁，最後以泰式風味呈現。湯頭喝起來濃郁香醇，加點紅醋和豆芽更加彰顯別緻風味。

為了讓更多人體驗魚翅的美好，主廚也設計了多款超值的魚翅套餐，可以享用中式食材、西式套餐擺盤的吃法，菜色有勾翅、鮑魚、羊排，作法精緻；搭配臘味煲仔飯，港式臘腸搭配原汁原味的臘味汁，肉香與米香合而為一，口感相當特別。

講究用餐環境氛圍的豐饌，也同樣在乎菜色的推陳出新。廚師們經常到世界各國去觀摩學習，刺激研發創作新口味與烹飪方法的靈感，除了主角魚翅以外，菜單上更不定期添增新菜色。套餐內的前菜青豆醬鮮蝦牛番茄、懷石香煎干貝球、牡丹蝦燻鮭魚捲、皇袍焗活龍蝦、吉野菲力豆腐⋯⋯，善用各種海陸食材，設計獨家菜單，也是除了魚翅之外，在豐饌可以得到的最大驚喜。

➡ 美味路標

🏠 台中市南屯區惠中路三段 81 號
☎ (04) 2258-9168
🕐 11:30 ～ 14:30；17:30 ～ 21:00
💲 套餐單人 780 元～ 4680 元
💳 可刷卡
🌐 www.fengzhuan.com

老饕推薦

御品大鮑翅

選用水沙勾也就是尾鰭，其翅針最密、最韌、膠質含量更多，搭配主廚特選老母雞、干貝、金華火腿等材料熬煮 8 小時以上的湯頭，煨製出的魚翅吸收湯頭精華，味濃香醇。

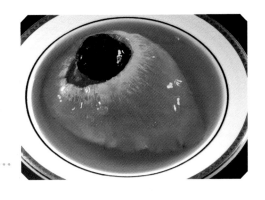

青豆醬鮮蝦牛番茄

牛蕃茄又稱陽光蕃茄，肉質肥厚，耐久煮。以牛番茄為盅放進山藥、蝦子，搭配以新鮮碗豆做成的青豆醬，入口清爽，色澤亮麗，是道色香味俱全又營養的開胃菜。

皇袍焗活龍蝦

選用來自澳洲俗稱水姑娘的龍蝦為主食材，菜名中的皇袍指的是用德式芥末醬、迷迭香、蘋果醋、奶油等所調製出來的醬汁。微帶辛香的芥末醬汁提出龍蝦的新鮮度，龍蝦肉吃起來肉質飽滿，口感鮮嫩 Q 彈。

豐饌牛肋排

富貴榮華、皇家翡翠套餐菜色之一，採用每頭牛只有 6 塊的牛小排，以慢火滷上一小時，肉質軟嫩卻不油膩。

金都餐廳

在地好味道　埔里宴客首選

「為了讓埔里人在宴客時有個有面子的餐廳」，金都餐廳就在這個單純的想法之下誕生，與在地緊密結合，是金都餐廳的最大特色。1995 年金都與埔里酒廠一起研發推出紹興宴，結合文學、美酒與美食，賦予在地特色食材，豐厚的文化與精彩的故事。埔里藝術文化工作者王灝、黃豆北、鄧相揚等人一起參與，創造了新的飲食風潮，也重新打響了埔里酒廠的名號，成為金都的經典代表作。

以紹興宴開啟了主題餐的創意，讓金都確定餐廳的發展方向，不斷結合鄰近 13 個鄉鎮地方特色食材，如筍子、野薑花、牧草心等等，激發出邵族宴、梅宴、百花宴……，其中與廣興紙寮共同開發的紹興宣紙蔗香扣肉，更讓名作家倪匡大讚：「此扣肉為 70 年來僅見！」。

除了食材，金都也將在地特色巧妙地融合在餐廳空間規畫裡，包廂都以埔里當地的老地名命名，例如：茄苳腳廳、虎仔耳廳、牛睏山廳等等。此外，也將藝術加入美食體驗中，鄉土藝術家王灝應餐廳之邀，創作一系列表達埔里地區居民樸實生活的創作，有 4 間包廂更是以廣興紙寮的特色手工藝紙為主題，讓來這裡用餐的饕客，嘴裡吃得到埔里的味，眼睛裡看得到埔里的美，每個人都能享受充滿藝術與文化的美食饗宴。

老饕推薦

紹興宣紙蔗香扣肉
採用上等的黑豬肉，再加入在地的甘蔗心與紹興酒慢火細燉，最後用茭白筍殼製成的宣紙裝盛上桌，文化氣息十足。

原鄉雙臘香米飯
這道飯結合埔里特色食材與原住民文化，將霧社的香米炊熟後，再搭配紹興香腸與臘肉炊蒸，肉汁滲入香米內，香氣逼人。

 美味路標

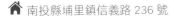

🏠 南投縣埔里鎮信義路 236 號
☎ (049) 299-5096
🕐 11:00 ～ 14:00；17:00 ～ 20:00
💲 平均每人 350 ～ 400 元，套餐 800 ～ 1200 元
💳 可刷卡
🌐 www.puli-eating.com.tw

華漾大飯店

宴會首選　沉穩大氣高貴不貴

在高雄，婚宴選在華漾大立店舉行的新人，邀請的賓客多是有請必到。開幕至今已 4 個年頭的高雄華漾大立店，承襲華泰大飯店集團 40 年來經營頂級飯店的豐富經驗，成立專業且具創意的婚宴企畫團隊，提供充滿設計的幸福空間，加上精緻餐點，成功擄獲許多準新人及賓客的心，成了南台灣最受歡迎的婚宴地點。

華漾大飯店是華泰大飯店集團旗下，第一個主打婚宴場所及港式料理的品牌。更特別的是，從 2004 年第一家華漾美麗華開設在台北美麗華樂園購物中心開始，華漾中崙、華漾大立以及 2013 年 5 月開幕的華漾環球，都是設在百貨公司的獨立店面。集團將華漾定位是平價、大眾化的婚宴場所，但以頂級飯店的質感作為空間的設計，呈現出比一般婚宴會場更加高級的氛圍，成了近來很夯的喜宴會場。

精品餐廳空間，格調高雅大氣

彷若是呼應著高雄大立精品優雅高貴的時尚性格，位在 8 樓的華漾大飯店，門口黑色木質感的牆面上，搭配銀色的字體，從店名、LOGO 在在彰顯出華漾的時尚質感。華漾系列推出後，每家的裝潢各自精采，台北大直的「華漾美麗華」，展現的是浪漫唯美的氛圍；台北東區的「華漾中崙」，空間規畫讓人感受到皇室的古典風情；位在新北市中和地區的「華漾環球」，以紫色為基調，給人大氣華美的感受。

唯一位在南台灣的「華漾大立」，則以黑、金呈現大氣、東方、沉穩，展現東方摩登時尚韻味；入口處迎賓牡丹花，嬌豔富貴的模樣，是餐廳最美麗的視覺焦點。而且華漾大立餐廳裝潢格調高雅，兼具古典與時尚混搭的空間感，有著濃濃的中國印象，即便這棟大樓裡有精品環伺，還能顯得光鮮亮眼，吸引很多遊客、饕客相機快門按不停，迫不及待在網路上和親友分享這個美麗的空間。

不過，在華漾大立店，最美的風景不僅是宴會場地而已，有著華泰大飯店集團的強力支持，華漾大立的每一道料理，都是頂尖的主廚功夫。更由曾獲得「法國藍帶協會」與「法國美食家廚藝協會」勳章，及擔任總統御廚的華泰集團中餐行政總主廚伍洪成設計菜單，讓許多饕客自動慕名而來。

國寶御廚加持，舌尖綻放鮮美

一如華漾的品牌定位，是南台灣首間提供全方位婚企服務的婚宴品牌，精緻的菜餚更是婚宴成功與否的重要指標。華漾大立的菜單，也是由伍洪成傳藝監督，除了港式飲茶之外，還有道地的廣東功夫菜、頂級海鮮料理，從形式、菜色上忠實傳達粵式料理的精髓。

點心推車是廣東飲茶文化的表徵，在推車上的點心，須在餐桌與餐桌間遊走，並保持口味不變。華漾大立至今仍堅持保有港式料理的推車文化，是目前廣式飲茶餐廳中少數保有推車的餐廳。廚藝精湛的主廚，不時也會創作新菜色及因應時令調整菜單，其中最受人歡迎的蘿蔔絲酥餅和皮蛋叉燒酥等點心，都是手工製作；另一道廣東名菜——百花釀油條，則展現巧思，把蝦泥裝進油條，有不同的口感。原本得花上千元才吃得到的起司上湯龍蝦，變成了套餐菜色，有物超所值的感覺。

既然是婚宴場地，就得更講究服務，華漾的服務人員必須接受飯店級的嚴格訓練，細心體察客人需求，學習讓客人感受到「恰到好處的親切」。所以，華漾因為餐飲服務水準高，而且價格、地點都很平民化，深獲喜愛，而這也是華漾設立的初衷。

美味路標

🏠 高雄市前金區五福三路 57 號 8 樓（大立店）
☎ (07) 216-2288
🕐 平日 11:30 ～ 15:00；17:30 ～ 22:00
　　假日 11:30 ～ 16:30；17:30 ～ 22:00
💲 平均每人 400 元起
💳 可刷卡
🌐 www.hwayoung.com

老饕推薦

百花釀油條

是主廚創意改良的菜色，一般是把蝦泥釀在油條上，在華漾卻給倒了過來，把油條當外皮，將多種海鮮混合剁碎後釀入。以大火油炸後搭配酸甜醬汁，吃到的是酥脆不油的鮮美海味。

起司上湯龍蝦

選材 6 盎司的龍蝦，用西式料理手法烹調。過程中會先將龍蝦尾冰鎮，再把龍蝦肉與殼剝離，方便客人整隻享用。醬汁以上湯加入起司調製而成，起司風味醬汁與Q彈的龍蝦肉，吃多了也不膩口。

皮蛋叉燒酥

皮蛋叉燒酥是港式飲茶的傳統點心。手工製的外表呈現美麗的貝殼外型，一層層疊上去，至少 28 層，能讓外皮更酥，內餡維持濕潤度。內餡包含叉燒丁、叉燒醬，還加了皮蛋，讓叉燒吃來不易膩，是華漾的人氣菜色。

蘿蔔絲酥餅

顛覆一般蘿蔔絲酥餅的模樣，做出討喜的長枕頭造型。主廚將如色紙般薄度的麵皮，一層層疊高，做出層次感。內餡的蘿蔔絲，以蒸干貝的湯去調味，兩相結合，讓蘿蔔絲吃起來更鮮甜。現點現做下鍋油炸，吃得到柔軟及厚實度。

瑞德餐飲

酒食合一　一口美食一口酒

美酒與美食向來都是最佳拍檔。尤其國外頂級餐廳，更常先選好今天要喝什麼酒，再由主廚根據所選的酒，來決定提供什麼餐點。瑞德餐廳，也以這樣的概念設計菜單，每一道菜都有搭配的酒款，也針對獨家代理的酒款，設計出各種創意酒食，讓饕客體驗好酒好菜的最完美搭配。就算完全不懂酒也沒關係，服務人員會提供建議與解說。

有別於大部分酒窖或是以酒藏為主的餐廳，多半以深沉的色調空間感覺，瑞德以白牆、大片的落地窗，以及鮮黃色的座椅，整個挑高的餐廳空間，拉近與客人的距離感。在這樣的空間中，一格格白色的酒架，一瓶瓶看起來優雅迷人的酒，開放式的設計，就是為了讓大家有更多機會可以認識美酒。

至於美食，瑞德餐飲的當家主廚李宗軒，憑著在私人招待所不斷的磨練及努力自學，累積出的經驗，讓他做出的菜餚具有名師風範，頗受好評。在瑞德用餐，不只味覺能獲得滿足，視覺的驚艷也讓用餐的回憶更加難忘。義大利帕馬火腿水牛起司沙拉，所有的食材以立體堆疊，使每種食材都能看得一清二楚。瑞德還提供早餐，除了三明治、歐姆蛋、可頌之外，紐約客牛肉可頌三明治以及英式總匯歐姆蛋，更是早餐時段不可錯過的熱門餐點。

老饕推薦

乾式熟成小羔羊排
藉由肉品本身的天然酵素打破結締組織和其外的微生物交互作用，增進肉品嫩度、風味與多汁性，主廚使用碳烤方式，肉質鮮甜柔軟、略帶煙燻味。

美國安格斯無角黑牛沙朗牛排（10oz）
特選頂級美國安格斯牛（黑毛牛）等級，擁有 CAB 牛隻認證，經熟成、瞬間高溫煎烤、靜置的烹調手法，鎖住肉汁，肉質特別香嫩。

香煎鴨肝佐配新鮮無花果搭10 年巴沙米可香醋
使用法國 Rougie 鴨肝，煎至外表焦脆，內部香滑柔嫩，搭配進口有機新鮮無花果與特殊木桶發酵 10 年巴沙米可葡萄香醋均衡口感。

美味路標

🏠 高雄市左營區博愛三路 101 號（高雄店）

☎ (07) 348-1069

🕐 早餐 09:00 ～ 11:00（僅假日供應）；午餐 12:00 ～ 14:00；午茶 14:30 ～ 17:00；晚餐 17:30 ～ 21:00（週一公休）

💲 早餐 230 ～ 350 元；午餐 480 ～ 550 元（套餐，平日提供單點）；午茶 380 元（一份）；晚餐 780 ～ 3800 元（套餐）

💳 滿 500 元即可刷卡

🌐 www.la-riche.com.tw

家鄉好好味

對老一輩的人來說，記憶中有個懷念的滋味

粵式小點、港式飲茶、上海浙滬料理……

精選 15 家吃不膩的家鄉原味，

讓人不知不覺發出：「好好味！」的驚嘆。

1010 湘

無辣不成菜　道地經典湘菜

湘菜，不只是辣，還辣得很有層次。為了將道地的美味湘菜帶進台灣，1010 湘的廚師們，特別親赴中國鑽研湘菜習藝，把具有強勁味覺刺激的湘菜帶回台灣。

細數 1010 湘使用的辣椒，竟多達十餘種……燈籠椒與乾辣椒，香氣明顯，辣度適中；常用來調製辣油或辣粉的雞心椒，則辣得直衝腦門；更多種類的辣椒，透過不同的組合，形成了每一道菜獨特的辣味層次，有的爽口清香，有的讓你舌頭發麻，但都好吃到讓人無法停下筷子。刀工與做工也是 1010 湘的品味特點，講究刀工是為了美味的考量，也是增加口感層次的小祕訣。例如鄉里小炒肉裡的每一片三層肉都得切成 0.2 公分薄，才能讓油脂提出蔬菜的香氣與美味。至於做工，幾道招牌菜色都有繁複工序。

干鍋系列與酸豆角系列，都是湘菜經典。干鍋就是鐵製的炒鍋，在農業社會大家庭裡，有什麼材料就全丟進鍋裡，拌著由辣椒和豆瓣醬組成的干鍋醬，乾炒的吃一回，加點湯又成了另外一道菜。

1010 湘的白飯叫做神仙缽飯，都是由生米加入適量的水後，一碗一碗蒸出來的，上桌前還會送到烤箱烤一下，把多餘的水分逼走，才能粒粒分明。至於不吃辣或是不太能吃辣的客人，除了幾道不辣的美味料理外，飲料單上，也設計了如有機甘蔗汁、荔枝凍飲等各種甜度較高、具有解辣效果的飲料。湘菜界流傳著「無辣不成菜」這句話，喜歡吃辣的朋友，可千萬不要錯過 1010 湘，這個絕對比川菜更過癮的湘菜。

老饕推薦

神仙孜然排骨
最火的招牌菜，以上好刀工切出最佳比例的大支帶骨肋排，經過燙、滷、炸、炒……等程序，並加上 40 種香料調味，入口肉質多汁散發鹹、鮮、辣等微妙香味。

臭豆腐肥腸阿干鍋
1010 湘的人氣王，是用海鹽凝固、天然蔬菜水醃製的自然發酵手工豆腐，搭配軟嫩厚實的大腸頭，以燈籠椒、綠花椒調味，在干鍋中燒煮，讓人越吃越入味。

美味路標

🏠 台北市松山區松高路 11 號 6 樓（誠品信義旗艦店）
☎ (02) 2722-0583
🕐 週二～四 11:00 ～ 15:00；17:00 ～ 22:00；週五 11:00 ～ 15:00；17:00 ～ 23:00
　　週六 11:00 ～ 23:00，週日 11:00 ～ 22:00
💲 平均每人 550 ～ 650 元，另有套餐、多人桌菜
💳 可刷卡
🌐 www.1010restaurant.com

紅豆食府

傳承經典　上海菜的美味思念

因為人文歷史發展背景的關係，台灣曾有不少上海菜餐館，但是許多老師傅隨時間凋零，加上餐飲業的創新風潮，讓許多經典的上海餐館一個一個的消失。但在「紅豆食府」，上海菜像是穿上了摩登又現代的外衣，以現代美學概念擺盤呈現，但口味上卻仍舊堅持經典傳承，要把上海菜的精髓，和更多饕客分享。

為了保留上海菜，紅豆食府請來上海名師唐永昌的最後一位弟子鄭建順師傅。學得一手正統上海菜的鄭建順便和紅豆食府一起為了上海菜的傳承持續努力著，餐廳名稱以象徵相思的「紅豆」為名，就是表達師傅對上海菜美味的思念。 紅豆食府的必點菜，主廚信心推薦醬爆青蟹年糕，食材有一定堅持，螃蟹挑選品質最好的處女蟳，鋪在盤

底的年糕則必須使用正統的大陳年糕，否則就呈現不出道地的口感。除了傳承經典，紅豆食府也在經典菜上加了點巧思，像是東坡肉，鄭建順將法國的鴨肝煎到焦黃後，配著自製燒餅，夾著東坡肉一起入口，2 種氣味濃郁又有特色的料理，交織出讓人難忘的風味。

由於紅豆食府的分店都位於百貨或商場內，空間及用餐時間多少受限，因此紅豆食府開闢民生會所，希望能讓客人在用餐時，有更舒適的環境，更輕鬆的用餐時間。儘管用新的潮流詮釋空間，以新的形式呈現上海菜，但是，保留與傳承經典老菜才是紅豆食府最重要的目標。也因此當老上海人來到紅豆食府，點一鍋醃篤鮮、一份東坡肉、一碗菜飯，再加上道地的鹹菜豆瓣酥，就是家鄉的味道。

老饕推薦

醬爆青蟹年糕
以蟹膏又軟又香滑的處女蟳搭配盤底正統的上海年糕，加上豆瓣醬燜煮，螃蟹的鮮、豆瓣醬的鹹香，還有吸飽了湯汁精華的年糕，征服了老饕們的胃。

清炒蝦仁
選用當季的沙蝦，去掉沙筋後洗淨晾乾，再用蛋清加上獨家調味，均勻地讓蝦子都裹上蛋清後下鍋翻炒，入口品嘗得到因蛋清而展現的脆度及沙蝦的清甜美味。

➡ 美味路標

🏠 台北市松山區民生東路三段 129 號 B1（民生會所・環球商業大樓）
☎ (02) 8770-6969
🕐 午餐 11:00 ～ 14:30；下午茶 14:30 ～ 16:30；晚餐 17:00 ～ 21:30
💲 套餐 680 元起
🔲 可刷卡
🌐 www.redbeandining.com

高記

60 年傳承 老上海生煎包

「高記」的創始人隨著國民政府來台，憑著一手好廚藝，在永康街擺攤賣起了生煎包、油豆腐細粉，因好吃獲得名聲，漸漸在永康街流傳開來。從路邊攤到現在成了樓房店面，60 年來，高記生煎包的麵香、焦香，始終如一。

「高記」的上海生煎包裡除了有美味的肉餡，品嘗的重點在於那用老麵發酵而成的麵皮。要想駕馭老麵可不簡單，溼度、溫度都足以左右麵團的狀況，一點點的差異就可能會影響發酵狀況，一個不小心，可能整份麵團都得作廢，從頭來過。在餐飲業講求標準化的現在，高記仍舊堅持用傳承下來的寶貴經驗，每天和廚房裡的老麵打交道。也因為這樣的堅持感動饕客，小小的煎包成了高記的招牌，即便是宅配訂單，高記也

堅持現做，絕非以冷凍煎包出貨。為了呈現更好口感，
高記精算鍋壁厚度與受熱深度，研發出薄差 0.5 公分黃
金比例小鐵鍋，將原本以大鐵鍋煎製的生煎包，改以小
鐵鍋現點現煎，連鍋直接上桌，即時呈現手工現做煎包
的鮮度與熱度，以及老麵麵皮特有的咬勁及淡淡麵香。
而在永康店裡，讓長輩們念念不忘的還有長銷 60 年的油
豆腐細粉，清爽不膩的湯頭，加上細粉和百頁條，還有
吸飽湯汁的油豆腐，創造出多層次口感，讓人十分滿足。

目前高記已開設有中山店、復興店和永康創始店以及最
新開張的松菸高記小團圓，4 間不同的店面，除了經典
的小點與上海菜之外，各自擁有獨家料理。喜愛高記的
饕客們，可分赴各分店嘗嘗主廚們的創意和手藝哦。

老饕推薦

上海鐵鍋生煎包
堅持用老麵製作，內餡選用豬前腿肉質較滑嫩的部分，
加入高湯攪打，簡單的調味，更讓肉的鮮甜自然呈現，
也因為高湯滲透入了麵皮，才有底部酥脆的焦香。

油豆腐細粉
爽口的透明細粉搭配老師傅手工製作的百頁條、
油豆腐，加上美味的湯頭，是不少老一輩客人的
必點菜。口味重一點，加點辣油，不只添辣，也
可提升味道。

美味路標

🏠 台北市大安區永康街 1 號（永康店）
☎ (02) 2341-9984
🕐 平日 10:00 ～ 22:30；假日 08:30 ～ 22:30
💲 平均每人 300 ～ 500 元
🖥 不可刷卡
🌐 www.kao-chi.com

213

華泰王子大飯店九華樓

御用主廚　正統粵菜殿堂

台灣民眾對於廣東餐廳多不陌生，但是能讓國家元首指名負責出國參訪團伙食的，就只有華泰王子大飯店「九華樓」的伍洪成師傅一人。伍洪成更憑著粵式手路菜以及道地港點的真功夫，榮獲法國藍帶騎士的殊榮。

從 1988 年從香港來到華泰王子大飯店九華樓後，伍洪成就成為最具代表的粵菜大廚，他對正統的粵菜的堅持及對於小細節的講究，二十多年來不曾改變，也吸引到一批忠實的老顧客長久支持著。伍洪成的拿手菜中的烤鴨，選用較薄的小麥餅皮來包鴨肉，藉以帶出鴨皮油脂的口感；而佐肉的調味食材，多加了嫩薑以平衡鴨肉的油脂。另一道膾炙人口的菊花盅，展現的是伍洪成的創意，湯盅裡如花朵一般展開的其實是

豆腐，得一手拿著軟滑的豆腐，一手以中式版刀直切 14
刀，再橫切 14 刀，保留底部不切斷。這個為了讓豆腐
更吸汁，研發出來的高難度表現手法，光是拿捏力道，
至少就得經過 5 年的經驗才有辦法做到。

九華樓也提供港式茶點，每份點心都藏著老師傅們的完
美手藝。其中叉燒酥，裡裡外外總共三十來層的做法，
展現的是師傅的真功夫。硬底子的料理功夫，也讓伍洪
成成為元首出訪時的隨行主廚，照顧國家元首及參訪團
成員的飲食；堅持的態度，則讓九華樓通過了食品安全
管制系統 HACCP（危害分析重要管制點）認證。九華樓
也因此成了正統粵菜的美食殿堂，有不少觀光客或商務
旅客，即便不下榻在華泰王子大飯店，也會特別專程來
吃一餐，由此想見九華樓的粵式美味多麼讓人難忘。

老饕推薦

乳香吊燒雞
塗上南乳與脆漿後，吊乾至少 6 小時入味，再入窯烘烤，
酥脆的外皮內鎖住的是美味的雞汁，上桌前再一道熱油
澆淋的程序，提出美味，也為燒雞增添漂亮色澤。

美白菌王菊花盅
以老母雞、金華火腿、瘦肉、雲南松茸等食材一
起熬煮 8 小時以上，吸收所有食材精華，擺上高
難度的手工豆腐菊花，最後再點綴上鵝肝醬。充
滿巧思，值得一試。

➡ 美味路標

🏠 台北市中山區林森北路 369 號
☎ (02) 2581-8111 #1521
🕐 11:30 ～ 14:30；17:30 ～ 21:30
💲 平均每人約 1100 元
🗐 可刷卡
🌐 www.gloriahotel.com

點水樓

江浙美味　大宴小點都滿足

小籠包、蒸餃、蔥油餅和鬆糕，這些江浙小點是許多人的最愛，烤方、醋魚、醃篤鮮更是不少喜愛上海菜饕客的必點美食。「點水樓」特別聘請了 2 組專責的廚師團隊，讓現點現做的美味點心，能熱騰騰的端上桌；需要看顧與專心烹調的大菜，也能絲毫不差的重現經典美味。不論大宴小酌，來到「點水樓」就能賓主盡歡。

除了擁有好的團隊，點水樓對食材也相當堅持。為了重現西湖醋魚的河鮮美味，特別選擇水質良好的石門水庫一帶的草魚，經過至少 3 天的餓養之後，去除草魚身上的土味，讓肉質更是緊實鮮美；也是必點菜之一的小籠包，薄透的外皮以及內餡湧出的高湯，加上豬肉本身的美味，讓許多人一試成主顧。小籠包上的 19 摺，取 9 在中國傳

統觀念中是吉祥數字的意涵,讓這一顆顆的小籠包,更多了祝福之意。

除了保留傳統的風味與技法之外,點水樓也在老菜當中尋求創新。大家熟知的心太軟,在點水樓有了新的詮釋。把原本就是一道涼菜的心太軟,加上黑糖剉冰,成為夏日的消暑甜品。點水樓的不同分店,各有不同的風情,懷寧店與復興 SOGO 分店,擁有全盤性的菜色,空間亦古色古香;而南京店的空間陳設重現江南精緻景觀,小橋流水搭配灰磚,精緻中亦有大氣氛圍,更是附近商務人士宴客的首選。有數十款點心以及完整江浙菜餚的點水樓,不管你今天只是想來吃籠小籠包,還是需要氣派的桌菜,或是想貪心的兩者都嘗,絕對都能滿足。

老饕推薦

西湖醋魚
點水樓嚴選石門水庫的草魚,再搭配從產地直接買回的鎮江醋,透過清蒸,酸甜醇厚的醋香,以及結實魚肉的鮮甜,讓人回味無窮。

蔥油餅
現點現做的蔥油餅,裝滿了香氣逼人的三星蔥,一口咬下滿口蔥香,麵皮酥脆又有口感,細嚼之後,麵皮的香味與蔥的美味更是結合得恰到好處。

➡️ 美味路標

🏠 台北市松山區南京東路四段 61 號(南京店)
☎ (02) 8712-6689
⏱ 11:00 ～ 14:30;17:30 ～ 22:00
💲 小吃約 600 元起,桌菜 1000 元起
💳 可刷卡
🌐 www.dianshuilou.com.tw

217

蘇杭餐廳

傳承好味　平價小館五星美味

從團膳轉型經營上海菜的「蘇杭餐廳」，靠著實實在在做料理的精神，用真材實料以及平實的價格打造出口碑，然而，蘇杭餐廳最希望的，仍舊是提供給客人小館子的親切感，以及五星級飯店的美味。

和許多供應商有往來的蘇杭，因信譽良好，能順利取得好的食材，也意味著料理的美味就成功一大半了。此外蘇杭也堅持上海菜該注重火候，要花時間熬煮的就花時間；該下功夫處理的就認真處理。如東坡肉，堅持至少花上 6 個小時烹調，把所有調味的香氣與美味都煮進食材裡。另一道招牌老鴨煲，濃白的湯頭是花上 8 個小時熬煮而來，其間每 2 個小時得注意火候，並添加不同材料或調味，才能做出特別香甜的美味濃湯。考量到傳統上海菜的調味，對於飲食講究的現代人，可能負擔太大，因此在堅

持傳統做法的原則下，蘇杭也稍微改變調味的比例，保留原來的香味，但是清淡一點。也因此開發出另一道必點的招牌——絲瓜蝦仁湯包。內餡選用澎湖角瓜，靠著人工把角瓜削皮、切丁；蝦仁也是手工去腸泥，再包成湯包。由於角瓜隔夜就發黑，只能當天現做，所以只好限定每桌最多點 2 籠，讓大家都能嘗到這道招牌美味。

除了擁有對料理的堅持之外，多年的團膳經驗，讓蘇杭決定以平價路線經營。讓經濟比較不寬裕的族群，也吃得起健康又美味的料理。因此，從蘇杭開門營業的第一天開始，只要點湯包、點心類料理，一律打對折。這麼豪氣的折扣，讓不少年輕學子趨之若鶩，而蘇杭也非常樂見，因為，這也代表著好味道的傳承。

老饕推薦

東坡肉
堅持古法製作東坡肉，美味祕訣是滷製的配方和料理時間。而切片並且附上刈包的做法，讓客人不必自己動手切肉，刈包更平衡東坡肉的油膩感，讓怕油膩的女性客人也能大快朵頤。

絲瓜蝦仁湯包
製作過程中完全得靠手工，從處理食材到包餡料，一點也無法用機器取代，加上澎湖角瓜和蝦仁搭配的鮮甜美味，讓這道耗時費工卻無敵美味的湯包大受歡迎。

美味路標

- 🏠 台北市中正區濟南路一段 2 號之 1
- ☎ (02) 2396-3186
- ⏱ 11:30 ～ 13:30；17:30 ～ 20:15
- 💲 平均每人 300 ～ 500 元
- 💳 可刷卡
- 🌐 www.suhung.com.tw

味坊中餐廳

老菜新繹　講究健康取向

原有著強烈「濃、油、赤、醬」味覺特色的江浙料理，來到台北諾富特華航桃園機場飯店二樓的「味坊中餐廳」，在注重養生的行政主廚巧思下，口味轉變成「清淡素雅」，講究新鮮食材和不過度添加調味料。而且飯店在 2011 年 9 月正式取得 Earth Check 國際環保認證，就連菜單上都標示拒賣魚翅，落實保護環境的具體行動，讓人感動。

當年台北諾富特華航桃園機場飯店開幕時，是飯店業最轟動的消息，因為這是法國的 Accor 集團和華航合作，第一次來台設點。而 Novotel 這個飯店品牌，向來以時尚的北歐風格受到旅客喜愛，從走進明亮寬敞的大廳，感受得到戶外陽光與綠茵，就可以開始體會這家飯店的特別。

時尚大氣，金鐘偶像劇拍攝名景

從飯店大廳旋轉樓梯拾級而上，來到味坊中餐廳。餐廳開業不過 4 年，店齡雖短，名氣可不小。金鐘獎獲獎作品「我可能不會愛你」第七集中，大仁哥和程又青家族聚餐就是在這裡吃飯。而且飯店獲得綠色環保認證，因此餐廳除了使用在地食材，縮短食物里程，節能減碳外，更擺明不賣魚翅，呼籲大家拒吃，為保護海洋生態盡一份心力。

走進餐廳，裝潢以在中國代表喜氣的大紅及內斂沉穩的黑色為基調，設計概念來自「西方人眼中的東方」，於是以正紅色燈籠高高掛、金色口布、朱紅龍椅和黑色竹子，將時尚簡約的中國風情，發揮到淋漓盡致。貼心的是，即便是開放的用餐區，味坊以落地紗簾及半高鏤空窗花隔屏，不僅讓用餐的客人有適度的隱私，還可增加空間的流動感，顯得大氣又時尚。

味坊的空間設計走中國風，菜譜呈現的則是道地的江浙料理。行政主廚劉永康，有三十多年的廚藝經驗，爺爺曾是國宴指定御廚，家族餐廳「大利菜館」更是國民政府剛播遷來台時，除了中山堂之外的另一家上海菜館。在上海家庭長大的他，講究吃，也愛做菜，耳濡目染學得一身好廚藝。

回歸單純，以食物原味擄獲饕客

劉永康深知現在多數人講究健康飲食，因此所有的料理及食材，不過度添加調味料及其他添加物，而是靠手藝來呈現最好的一面。所以味坊中餐廳不會使用木瓜精來軟化牛肉；也不會為了讓肉Q彈添加小蘇打，而是嚴格制定食材採購進貨標準，有專人親自負責驗貨，未達標準就退貨，即使讓供應商傷透腦筋，也要堅持，因為主廚相信「新鮮」是好吃的不二法門。

而且味坊中餐廳的服務理念，是把客人當成朋友，內外場人員都一樣，最大的心意是讓客人吃得好、吃得健康。新鮮的食材，簡單的用醬油去蒸，就可以嘗到美味。加蔥蒜純粹是增加風味，而不是為了去腥；放酒、油、醬，則是抵制單純澀味，魚露就完全用不上了。魚鮮進貨後只有2天保存期限，2天後沒使用，就做為員工餐菜色。

也因為服務理念是把客人當朋友，味坊十分重視和客人間的互動，主廚和服務人員都會勤快的主動介紹，到外場和客人打招呼、了解客人反應和剩菜情形，更是主廚每天必做的事項，藉此也可作為改善餐廳的參考。正因為味坊重視料理的健康訴求以及親切服務，總能吸引台北等其他縣市饕客遠道而來，成了部落客的熱門推薦餐廳之一。

數百里外的美味

菜單提供江浙料理名菜，除了家學淵源承襲了正統口味外，主廚也會旅行觀摩，如「乾隆魚頭豆腐」、「西湖東坡肉」……，便是他到蘇杭旅遊時，尋訪百年老店「皇飯兒」、「樓中樓」等體會而來。讓本地饕客，有機會嘗到數百里外的名菜。

➡ 美味路標

🏠 桃園縣大園鄉航站南路1-1號2樓
（台北諾富特華航桃園機場飯店）
☎ (03) 398-0988#3950
🕐 11:30～14:00；17:30～21:30
💲 單道菜180元起
📇 可刷卡
🌐 www.novoteltaipeiairport.com/tw/food3.asp

老饕推薦

陳紹酒甕雞

土雞腿捲好蒸熟，以埔里紹興酒取代花雕醃製，少了花雕的酸，多了紹興的醇厚。醃製後切片，二度放入甕裡再醃，加上人參、枸杞、甘草做基底，做成適合本地口味的江浙新菜。出甕的土雞肉肉質 Q 彈，香氣撲鼻卻不致醉人。

乾隆魚頭豆腐

相傳是乾隆下江南時品嘗到的民間菜，採用 2 公斤重的大頭鰱剖成一半，先煎熟，再加上獨家醬汁去燒，燒到軟爛酥軟不乾柴。特別的是，師傅得在鍋內將整片魚大翻身。起鍋的魚頭吸附了飽滿的湯汁，美味十足，重現乾隆皇讚不絕口的好味道。

弄堂圈子燒肉

這道菜屬古老江浙菜，一般做紅燒肉加魚乾，但這裡用的是圈子，也就是大腸頭。將大腸頭洗淨蒸熟與五花肉結合，加上中藥材、調味料等，再放入雞腳、老母雞湯增加膠質，小火慢燉到自然收乾。大腸頭入口即化，紅燒五花香氣四溢。

西湖東坡肉

原是杭州名餐館西湖畔樓外樓的招牌菜，主廚選用溫體豬瘦肥度恰好的中段部位，先蒸熟去掉多餘的油脂，再加入以本地紅蔥頭自製的油蔥酥、取代糖用來引出甜味的甘蔗頭，以及大量陳年紹興酒後燜燒，端上桌香氣漫延，入口肥而不膩。

十一街麵食館

戀戀眷村味　麵食大集合

眷村菜是台灣特有的飲食文化，在物資匱乏的年代，眷村媽媽們善用家中食材，應陋就簡，努力變化出的「私房菜」。尤其眷村以北方人居多，少不了麵食。新竹竹北十一街麵食館，將眷村菜的麵食文化加入台灣菜單中，承襲眷村菜的平實、簡單，加進健康概念，做出一款款有著濃濃媽媽味道的麵食、菜餚，輕鬆擄獲饕客的胃，每逢假日大排長龍，想吃得趁早哦！

十一街麵食館的負責人范惠燕，是位客家姑娘，因緣際會下，承接了一位山東朱伯伯在竹北天橋下的餃子攤，因為餡好料實在，為小攤子贏來好口碑。後來在縣政十一街成立第一家店，取名「十一街麵食館」。麵館名稱另有一層涵義是「十一」

音同「食衣」，意指親民小吃，希望店裡供應的麵食，可以讓大家吃起來像在家裡吃到的家常菜一樣舒服愉快。

良心入菜，注重程序

剛頂下餃子攤時，范惠燕每天清晨 5 點就騎著 50CC 的摩托車就到市場採買，自製餡料包餃子。親切的態度加上不斷精進的口味，據說當時每天都有三、四百位客人。店開了 4 年後，為了孩子的教養問題，范惠燕將店交給家人經營，轉業到證券行當交易員，兢兢業業的態度讓她當上超級營業員，因為對餐飲業未能忘情，在孩子長大後，范惠燕又重新回到「十一街麵食館」。

因店面空間不敷使用，十一街麵食館從縣政十一街輾轉遷至光明一路，貼心地為客人們設計了舒適又氣派的用餐環境，在裝潢陳設的質感上更是著墨不少。三層樓高的餐廳，空間寬敞明亮，裝潢高雅，木造桌椅厚實隆重，就連醬汁區裝盛醬汁的容器也都充滿古意，讓客人在有如茶藝館優雅氛圍中享受美食佳餚。

客人必點的水餃，為了講究口感及鮮味，從擀餃子皮、調製餡料到包餃子，一直堅持手工製作。十一街的水餃與眾不同，師傅們在捏合摺邊時特別將其捏薄，吃起來更有彈性；內餡則揉捏成丸子狀封住湯汁。讓客人大口咬下水餃時，嘴裡充滿香氣及滑嫩口感。順應時代的飲食潮流，料理也加進養生概念，減少油炸食物，盡量以南瓜、葫瓜等蔬菜為主，少肉、少海鮮，希望減輕對客人身體的負擔。范惠燕堅持，只要拿出良心、注重程序，客人就能感受到。

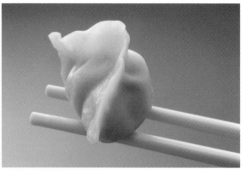

葫瓜水餃的祕密配方

過去擺攤時，葫瓜水餃可是私房菜，因為作法較困難，僅有常客才有機會吃到。葫瓜的口感脆、甜，但容易出水，得講究餃子皮。機器壓製的麵皮，彈性不好，葫瓜一出水就會讓麵皮軟爛，所以便請大量員工手工快速擀製，搭配上調和過的內館，入口即嘗到葫瓜的鮮甜及肉的鮮度。

貼心服務，安心用餐

除了葫瓜水餃，菜單上還有各種口味的水餃及各式眷村味，琳瑯滿目的菜色，光是麵條使用就有 11 種。范惠燕說，麵食是大中華區的主要食物，希望用整合的角度去提升中華麵食。令饕客念念不忘的還有美味的小菜，客家煙腸、涼拌花枝、油雞等等，光是開發出的小菜就有兩百多種，擺在小菜櫃裡也有五、六十種。

為了管理曾創下一天翻桌 19 次的十一街麵食館，范惠燕從科學園區客戶那學來經營管理模式，將眷村老味道用 e 化管理點餐、自己設計服務流程、動線等 SOP，希望讓客人坐定位後，5 ～ 10 分鐘內即可享用餐點。貼心服務還不僅於此，由於假日有可能要排 30 ～ 40 分鐘，接待人員會先告知客人，並拿號碼牌；而為了鼓勵三代一起來用餐，有孕婦或老人家者，可優先入座。秉持做公益的心，十一街長年僱用身心障礙者、高關懷的學生和外籍配偶等，這群服務人員做事認真且流動率低，是支持十一街的好力量。

此外，店內餐點很多，為了滿足想吃多種口味的客人，水餃類的部分也不限定點餐顆數，讓大家可以吃到盡興。菜吃不完也別擔心，餐台上放置了外帶紙盒，方便客人帶回家繼續享用，貼心態度讓人忍不住給個讚！

老饕推薦

葫瓜水餃（十一街鎮店之寶）

十一街麵食館老闆稱其為「中外合併」的菜，「中」指的是台灣的客家，「外」指的是安徽，把安徽的傳統水餃，配上客家的葫瓜，沾上特製醬料，外皮薄Q，內餡肉嫩多汁，咬起來更夠味。

紅油抄手拌麵

抄手模樣可愛，手工麵皮包進揉成團狀的絞肉，將湯汁封存在絞肉內，接著捏成官帽形狀。現點現煮，皮Q餡多，嘗得到鮮度十足的肉汁。麵條吸附紅油醬，入口辣中帶麻，讓人一口接一口。

烏梅地瓜、蜜芋頭

小菜堆裡的明星菜色。烏梅地瓜選用竹山最優質黃地瓜，加進烏梅、麥芽熬至透明光亮，入口除了有地瓜香氣，還多了烏梅的清爽酸味。芋頭選用大甲和甲仙的檳榔芋，保留精華部位，加入冰糖慢熬，吃起來特別鬆軟香Q。

➡ 美味路標

🏠 新竹縣竹北市光明一路 275 號
☎ (03) 553-9368
🕐 11:00 ～ 21:00
💲 餃子每顆 7 元起，其他麵食類 50 元起，
　　簡餐 120 元起，熱炒 130 元起
🧾 不可刷卡
🌐 www.facebook.com/11stdumpling

京悦港式飲茶

創意無限　老店新靈魂

港式飲茶的樂趣，就在於那一籠一籠的小點心，既賞心悅目也美味滿分，期待著餐車來到自己座位附近，更是樂趣之一。台中的「京悦港式飲茶」，依舊保留了這項別具風味的傳統，且隨時都有二十多種的港點可供選擇。京悦的老闆認為，餐車在客席間穿梭，可以讓客人不會因為等菜上桌而顯得無聊，甚至還能用來彌補點餐的不足。另外還有一層含意，希望能讓和大人一起來用餐的小孩，練習點餐，開啟自己的美食體驗。

餐廳主廚簡玉樹師傅，擁有 25 年料理經驗，最擅長廣東料理，精湛的手藝讓不少客人豎起大拇指，紛紛表示和在香港吃到的一模一樣，甚至還更好吃呢。除了提供道地的港式風味，簡玉樹更將中式的烹調方法，結合西餐講求立體美感的擺盤。例如「紅

酒燉羊膝」，用了眾多中藥材燉煮，但是端到客人面前時，卻是西式餐點的擺盤，口味與視覺的衝突，為客人創造很多用餐的樂趣。另一道「白醬海鮮脆麵」，更是京悅在創意料理上的一大驕傲，主廚把義大利料理中的白醬，結合廣東炒麵的麵體，激盪出全台獨步的白醬海鮮脆麵，也成了跨國創意料理的最佳典範。

在裝潢上，京悅運用黑與白這 2 個強烈對比、個性鮮明的顏色為空間設計的主調，風格設計符合年輕人口味；同時使用近百盞的燈具，增加空間的柔和及明亮度，巧妙化解時尚空間伴隨而來的距離感。最棒的是，京悅擁有半個大台中燈火點點的美麗夜景，為餐桌上的料理再添價值。

老饕推薦

紅酒燉羊膝
嚴選帶骨帶筋肉的羊前腿，先經過 4 小時的蒸煮，再放進加了多種中藥的燉鍋中繼續燉煮。吃起來相當入味，沒有羊肉的腥羶味。

叉燒酥
叉燒酥是檢驗港式餐廳是否道地的關鍵美味。京悅的叉燒酥，層次分明的酥皮以及鹹甜適當的叉燒肉，吃進嘴裡，美妙的滋味征服了不少人。

美味路標

🏠 台中市北區三民路三段 179 號 12 樓（中友百貨 A 棟 12F）
☎ (04) 2223-3919
🕐 週一～五 11:00 ～ 21:30
　　週六～日 10:30 ～ 21:30
💲 平均每人 500 ～ 700 元，合菜每桌 5000 ～ 8000 元
💳 可刷卡

客家本色

亮眼創意　客家菜的嶄新風貌

客家菜其實也可以很新潮，台中的「客家本色」保留客家元素，把大膽的創意用在空間設計與菜餚上，不論是老客家人、新一代的客家孩子，或者只是喜歡客家菜的饕客，都值得來嘗一回。

客家本色想要賦予客家料理嶄新的風貌，店內的裝潢以不同的客家元素做全新詮釋來營造氣氛。宛如燈罩的紙傘來自於高雄美濃，對應地板上有燈光投射的花布，同樣都是客家文化元素，以新的方式重新安排，就有了煥然一新的感覺。在菜餚安排上，傳統客家菜對現代人來說可能稍嫌過鹹或過油，而客家本色的料理態度是少油、低鹽，堅持不添加味精。透過師傅的精湛廚藝和優質食材，在味道上還是能完整表現客家菜精髓。

盡管客家本色給人的第一印象是新潮與創新，但許多
客家菜餚的傳統元素，其實都還保留著。例如桔醬被
師傅大膽用來和肉類搭配，成為去骨白切雞的沾醬，
或是和排骨一起燴，成了香噴噴的桔醬排骨；而客家
水煮牛肉，則展現了主廚的跨界料理功力，用客家庄
的豆瓣醬來呈現客家味，和牛肉一起炒燴之後，牛肉
滑嫩的口感以及豆瓣的辣香，讓人印象深刻。薑絲大
腸、客家小炒、客家湯品羊奶根燉雞湯等傳統菜餚，
這裡都有。

不追求所謂的正統，客家本色的客家菜積極的將老客
家菜不斷翻新，大約每 3 個月就會推出 2 ～ 5 種新菜
色，無形中增加了客家菜的豐富度，讓更多年輕人有
機會一探客家菜的傳統。

老饕推薦

桔醬排骨
桔醬是傳統客家料理中常見的料理醬汁，不過多半使用
在拌炒青菜上。客家本色大膽的和其他食材結合，讓吃
慣糖醋排骨的人，驚艷於客家版本的桔醬排骨。

紅麴脆皮雞
把醃過紅麴的雞肉烤過，脆皮的顏色透亮鮮豔，
軟嫩又有口感的雞肉，不會乾柴，也沒有油膩感，
吃得到雞肉原本的肉質原味，是沒有負擔的一道
肉類料理。

美味路標

🏠 台中市南屯區公益路二段 118 號（南屯公益店）
☎ (04) 2329-2929
🕐 平日 10:00 ～ 15:00；17:00 ～ 22:00
　　假日及國定假日全時段供餐
💲 每人平均 300 ～ 400 元
🖃 可刷卡
🌐 www.hakkafood.com.tw

寧波風味小館

創意無限　兼顧健康與美味

「寧波風味小館」裡，有大人小孩都愛的彩色鍋貼，有形似飛碟的餃子燒，還有紅到國外去的黃金竹筍糕，道道充滿創意。特別的是，店內所有的餐點，都有著三高二低的健康考量；食材選用最新鮮的高山蔬菜及品質最好的在地農產品，讓健康與美味不再是平行線。

寧波風味小館老闆鄧小姐，因家人受現代文明病所苦，讓她開始思考美食與健康的平衡點。第一步是改善鍋貼的油膩感，從內餡食材取得、比例到外皮的研製，都是為了要做出健康又美味的鍋貼。剛開始，嘗試在鍋貼內餡加了好多蔬菜，降低調味中的鹽分後，立刻就獲得回響及提議，接著，又陸續研發出以紅蘿蔔、番茄、南瓜、山藥和菠菜為主要食材的紅、黃、紫、綠色 4 色鍋貼，暱稱為「四大天王」，滿足了對健康

飲食的需求，也讓挑食的小朋友乖乖把蔬菜吃下肚。

寧波小館還研發了獨家黃金醬，前前後後嘗試了數十種蔬菜，終於找到了 5 種蔬菜以及蘋果的完美組合，醬汁散發自然清香，讓人耳目一新。更讓人感動的是，寧波小館相當支持在地食材，像是蔥烤餅的主角青蔥採用的是台中大甲蔥。台中地區知名伴手禮的黃金竹筍糕則有 3 種吃法：可以煎得表層焦香，內層軟嫩；或是大火蒸熟，享受軟 Q 口感；亦可冷藏後直接食用，宛如糕點的冰涼感，都讓人一口接一口。

追求健康與美味平衡的意念，及不斷嘗試創新精神，讓這個小館子，有著好多好多厲害的美食創意，同時也證明了美味與健康不再是相互牴觸，是可並存的。

老饕推薦

黃金竹筍糕
是家族的私房菜，作法如同客家外婆做的素炊粿，以新社香菇與大坑冷玉筍等在地食材，加上 3 種不同的米製作，冷熱皆 Q 的口感，既延續傳統又有新創意。

更歲餃子燒
小朋友們暱稱做飛碟的餃子燒，內餡是玉米搭配瘦肉，加上法式醬汁，撒上柴魚、海苔粉，讓人有種在吃章魚燒的錯覺，是為了讓小朋友營養均衡而精心設計的料理。

➡ 美味路標

🏠 台中市北區學士路 146 號（總店）
☎ (04) 2236-0959
🕐 09:00 ～ 21:00
💲 平均每人 100 ～ 250 元
💳 不可刷卡

滬舍餘味餐館

上海生煎包　找回懷念好滋味

當生煎包熱騰騰的起鍋，對你我來說是終於可以嘗到香噴噴的生煎包，但是對「滬舍餘味」的老闆張駿來說，代表著對外公的思念，對家鄉味的流連。

來自上海的老闆張駿，他的外公擅長料理，總是親手做生煎包給小孫子吃。長大後，張駿成了中醫師，來到台灣後，為了一解鄉愁，每天問診結束之後，便埋頭研究配方，一到假日就到處尋訪懷念的味道，就這麼經過了 3 年，他終於找到記憶中的味道，歷經了無數次的調整，他就這麼親手做出了外公的生煎包，找到那股懷念的家鄉味。

2009 年張駿開店，和大家分享自己心中難忘的上海味。煎包內餡所使用的豬肉，選擇 100 ～ 110 公斤的處女豬，因為這樣的豬肉有一股特別的清香。帶些微湯汁的生

煎包，咬起來有爆漿的效果，湯汁是以筍子、火腿與豬皮做成的老母雞湯，鮮甜中還有豐富的膠原蛋白呢。除了生煎包之外，還有小籠包、鮮蝦蒸餃、油豆腐細粉、咖哩牛肉湯等餐點，都是堅持使用最好食材的原則下烹調出來的。例如店裡的咖哩牛肉湯，開店至今，為了美味仍不惜成本，堅持選擇當初使用的澳洲牛肉；蝦仁蒸餃則是豪氣的將一整尾的草蝦仁包進餡裡，當一咬開蒸餃看到那完整的蝦仁，能直接感受到老闆款待的誠意。

即使成為中醫師，仍隱藏不住張駿對料理的熱情，以及怎樣也無法拋棄的料理天分。如果你想多了解上海文化，也可以和張駿聊聊，道地的上海人，一定可以給你滿意的答案。

老饕推薦

鮮肉生煎包

薄薄的皮包裹著充滿自然香氣的豬肉，還有經典的上海老母雞湯。伴著芝麻與蔥花的香氣，一口咬下，外皮的香酥、內餡的香甜、爆漿的湯汁，口味層次豐富。

蝦仁雞脯燒賣

是店內最費工的料理，內餡調製好後冰鎮，拿出後包進燒賣皮，再經過一次冰鎮，才能塑形出直挺挺的燒賣；內餡裡蝦仁與雞肉的組合，是燒賣的新口味。

➡ 美味路標

🏠 台中市南屯區公益路二段 537 號
☎ (04) 2258-6111
🕐 平日 11:00 ～ 14:00；16:30 ～ 20:30
　　假日 11:00 ～ 20:30
💲 平均每人 150 元
▭ 不可刷卡

高雄麗尊酒店 麗園港式飲茶

復古推車 飲茶五感體驗

有傳統推車形式的飲茶餐廳，在現代的外食市場中已經少見了。位在高雄麗尊酒店3樓的麗園港式飲茶，15年來維持傳統，以推車在桌邊服務，讓客人隨時可以吃到熱騰騰的菜餚，從眼、耳、鼻、舌到心，五感皆能獲得滿足。服務道地又貼心，吸引饕客天天上門。

香港還有不少傳統港式飲茶餐廳，持續著「日出而做，日落繼續賺」的經營型態。一早有老人家喝早茶，下午則三五好友點午茶，泡一壺茶，點了幾籠小點，看報紙、聊天；但在臺灣，不少港式飲茶餐廳已變成親友聚會主要的用餐餐廳了，多數消費者呼朋引伴到這裡吃正餐，強調現點現做，人工上菜，而服務生推著裝滿各式各樣港式點心或蒸籠的推車，那穿梭在餐桌間的畫面，愈來愈少見了。

五感體驗，節氣創造食物美味

傳統推車服務在麗園港式飲茶餐廳被發揮到淋漓盡致，有廚師們做好的各式點心、蒸籠、湯品、燒臘，放在餐車上讓客人看到實物，想吃什麼隨時可以取用；也有擺著各樣青蔬的車子，客人選擇好後，服務員就在桌邊服務，將青蔬放入沸水鍋中汆燙，淋上醬汁，端上桌的菜是香噴噴、熱騰騰的。此外，更隨時為客人加滿壺中的茶，比起也是強調現點現做的菜單點菜方式，似乎多了一層感官刺激及安心舒適的享受。

「隨時能讓客人享受到熱呼呼的食物」是麗園仍堅持保留推車服務的初衷，也因此推動「五感，新飲茶」體驗，五感指的是人類的 5 種感官——眼、耳、鼻、舌、心，也就是感受生活所有事物的途徑。主廚們會依節氣及四季的變化構想、烹煮每一道菜餚，並以當令食材入菜，如 2013 年夏天推出的涼夏蔬果宴，以夏季水果入菜，設計了荔枝炒海鮮貝、奶黃蘋果酥……；秋季則呈現避風塘香炒大沙公、蟹肉蛋黃米糕盅……等等。讓客人在享受食物美味時，透過讓眼、耳、鼻、舌感覺到食材的好，最後，心靈因美食而湧現大量感動，才算是吃到一頓美食佳餚。

好味飲茶的重要推手

港式飲茶的靈魂角色——中菜、中點、燒臘各由有二、三十年廚藝工作經驗的三粵式總主廚宋富鈞和點心總主廚周文山領軍。宋富鈞經常參與美食節展現廚藝，擅長研發獨門醬汁和新菜，給客人的都是真材實料；周文山則擅以細膩的手工製作出各種蒸籠點心，不定期也會到香港、大陸考察或參考電視節目找靈感，腐皮海鮮包、蘿蔔千層酥、黑芝麻奶層糕都是他的新嘗試。

道地港飲，傳統創新齊頭並進

搭配著傳統的推車桌邊服務，麗園的空間以溫馨的紅色調為裝潢基調，面向五福一路，看得到窗外行道樹綠意模樣；室內明亮的木質地板，淡紅色的座椅及優雅的粉色雙層桌巾，牆上楓木皮窗櫺，共同營造出 80 年代的華麗氛圍，呈現的是現代中國風格的用餐氣氛。

用餐時，傳統推車上擺著各式各樣港式料理的必點菜色，小分量的方式擺盤，讓客人能多品嘗港式飲茶的美食。當然貼心服務不僅是傳統推車而已，主廚們定期訓練服務員，能適時為客人介紹的推薦菜餚點菜服務；協助麵、飯、羹類的分菜服務；更可以貼心依據客人特殊口味，提供客製化的烹調服務。

除了因應節氣，善用當令食材，更大量使用在地食材。在麗園，吃得到用旗山香蕉做成的蛋塔、明火爐燒鴨選的是宜蘭的櫻桃鴨、烤乳豬的食材是屏東黑毛豬，還有美濃番茄……，口味特別，也能確定食材新鮮、穩定度及照顧台灣農民，這也是麗園經營的堅持。因為講究真材實料，又能保留傳統的好，讓麗園回流客不少，原因就是麗園能夠品嘗到港式飲茶的道地滋味。

➡ 美味路標

🏠 高雄市苓雅區五福一路 105 號 3 樓
☎ (07) 229-6030#3531
🕐 11:30 ～ 14:00；17:30 ～ 21:00
💲 點心類每份小點 50 元、中點 75 元、大點 95 元；平均每人約 500 元
🗒 可刷卡
🌐 riviera.theleeshotel.com

老饕推薦

臘味蘿蔔糕
屬於港點基本款的蘿蔔糕，煎到微微焦黃，聞得
到香氣，吃起來軟嫩細緻，細細品味摻在其中的
肉末和細小配料，佐上鹹香及細微甜味的醬汁，
提出蘿蔔的真味道。

蘿蔔千層酥
乍看應是鹹口味，入口卻讓人驚豔。這道菜的
麵皮要不斷摺疊，才可製造出酥脆的千層口
感，內餡則是要先把蘿蔔切丁再和鮮奶炒成
泥，包進麵皮裡油炸至金黃。因現點現做，屬
手工菜，上桌需小心燙口。

脆皮烤乳豬
特選 3 個月大，重量約 9 公斤的屏東黑毛豬，
為的是取其皮夠厚的特色。出爐的烤乳豬色澤
又濃又亮，沾了由甜麵醬和豆腐乳調製的醬汁
一起入口，鹹甜有致，濃香酥脆，入口鬆化，
油而不膩的滋味讓人吃了回味無窮。

蜜茄草蝦祿
其創意來自某日主廚到高雄燕巢去找蜜棗，行程
中意外發現蜜茄乾，他突發靈感，買回蜜茄乾後
泡水，讓酸甜釋放出來；再將大草蝦去殼切段後，
與泰國醬汁同炒，番茄乾的酸甘滋味，嘗來十分
爽口。

鄧師傅功夫菜

滷味起家　聞名大高雄

在高雄地區提起開店將近 30 年的鄧師傅功夫菜，可以説是無人不知，無人不曉。近年來由第二代接手後，幾乎每季都會出國參訪尋找經典名菜，也開發出許多功夫名菜，讓老顧客嘗鮮，成了在地人最推薦的餐廳。

鄧師傅功夫菜的創始人鄧文裕師傅，早年是西餐大廚，開店時為了不和老東家成為競爭對手，才轉以中餐創業，並特別前往香港學習滷味技巧，帶回了乾燒法。最有名的滷豬腳和蹄膀，就是採用乾燒法，強調所有的滷汁精華都匯入肉裡，因此火候的控制非常重要。透過火候的調整，讓豬腳定型、熟透，到最後的入味階段，一位師傅平均要花上一年多的時間，才能掌握到火候控制的精髓。店裡的另一個明星，就是法式洋

蔥湯牛肉麵了。鄧文裕將西餐中的洋蔥湯和東方的牛
肉麵做結合，是有獨到的考量，因為中式的紅燒牛肉
麵，主要的湯汁調味──醬油，久煮後會有一股酸氣，
容易影響口感。於是，他以同樣具有色澤以及獨特香
氣的法式洋蔥湯來替換，做出這款中西合併牛肉麵，
在店裡賣了將近 30 年，從一開始大家抱著懷疑態度看
待，現在則成了招牌之一。

這一兩年來，店名由鄧師傅滷味改成鄧師傅功夫菜，
除了想要突顯不只是滷味店的印象之外，也想告訴大
家，店裡頭還有很多東方的經典名菜，可以大快朵頤。
來鄧師傅功夫菜吃飯，門市的主廚會親自到點菜台為
大家打菜，只有一個人時也可告訴主廚偏愛的口味，
主廚便會根據你的喜愛，幫你準備一份專屬組合。

老饕推薦

滷豬腳
用乾燒法長時間滷製的豬腳和蹄膀，選用形狀和肉質比
較質優的後腿，滷到完全脫油，滷汁完全收乾、入味才
算完成。尤其滑嫩彈牙的豬腳皮，最讓人回味無窮。

法式洋蔥湯牛肉麵
鄧師傅的牛肉麵可說是中西合璧，用的是西式料
理中的法式洋蔥湯頭，清甜可口，從開店之初就
推出的這款牛肉麵，徹底改變了不少人對牛肉麵
的想像。

➡ **美味路標**

🏠 高雄市新興區中正三路 82 號（中正創始店）
☎ (07) 236-1822
🕐 11:00 ～ 21:00
💲 平均每人 250 ～ 350 元
💳 可刷卡

老邵餐館

眷村好料　老味道改良再現

花蓮統帥大飯店斜對面的老邵餐館，第一代經營時，以好吃彈牙的餃子及眷村美食著稱，開業近五十年來，一直堅持純手工製作麵皮及處理食材；傳承到第二代後，將菜餚擴大成南北菜兼具。把眷村老味道改良後上菜，少油、少鹽、多纖維的烹飪方法，讓客人吃得更健康，成了花蓮當地熱門的聚餐好所在。

因菜色豐富、口味好、價格令人驚豔，而在網路上受到部落客及網民大推的花蓮老邵餐館，原本在花蓮就是家知名的餐廳，老邵水餃更是眾所周知。現任老闆邵士金是第二代，父母親在民國 53 年創立「老邵餃館」，以眷村菜為主，賣的料理有湯包、餃子、牛肉麵和滷味。

當時把餃子分為蒸、煮 2 種吃法，最特別的是內餡，以中國北方傳統的「煽餡」方式調製，把肉類、調味先放進油鍋炒香，脫去部分水分，再經過加熱後，幫助餡更入味。做出來的餃子風格獨特，讓老邵餐館很快就闖出名堂。

南北口味，花蓮在地食材入菜

邵士金回憶起童年，在公所上班的爸爸和家中的兄弟姊妹，下班下課回家後，都得在店裡幫著媽媽做生意。直到因當兵，他離開花蓮到了外地，看到很多餐館經營，讓邵士金對餃館有了不同的想法，覺得光做麵食和眷村菜還不夠，他想做出不一樣的料理。於是延請師傅料理如江浙菜的魚鬆燒肉、左宗棠雞；川菜的水煮肉、五更腸旺；還有以花蓮曼波魚入菜的做芹味曼波……，將菜色擴大為南北菜系都有。

因長年居住在花蓮，邵士金深知花蓮有好山好水好食材，也嘗試運用花蓮在地食材研發菜色。譬如把花蓮海域捕獲的魚，冬天用風乾手法製作後，和豬肉、山椒一起燒，形成絕妙的魚肉搭配。另一道黑鯊魚香腸，用鯊魚肉混製而成的香腸，口感脆而不油膩，搭配大蒜微嗆滋味，風味十足。

特別要推薦酸白菜肉片火鍋的主食菜酸白菜，是以大禹嶺的高山大白菜，經過 2 次發酵，讓酸菜更香酸夠味，再搭配花蓮玉溪農會特有的網室豬肉，煮出來的湯頭香醇，新鮮溫體豬肉煮熟後口感滑嫩，彈牙滋味，讓人一口接一口。老邵餐館的火鍋是以燒木炭加熱，可以一直保持熱呼呼的溫度，讓味道更香醇。

堅持手工，食物處理嚴格把關

開店近半世紀的老邵餐館，仍然堅持純手工過濾處理每一樣食物、食材，邵士金的想法是盡量做到最好，也要求師傅們在衛生、味道方面，做到嚴格標準。湯頭一定得經過數小時熬煮，才有濃郁氣味；麵條仍然手工製作，嘗起來才會滑順香 Q。也因為現在的人講究健康，烹飪時少油、少鹽、少糖、多纖維更是不能不注意。

除了講究餐廳衛生，確保食物安全外，由於老邵餐館經常有全家聚餐的客人，為了讓年長老者或行動不便的朋友，也能方便進出餐廳，特別設置電梯及無障礙坡道；室外也設有寵物雅座，處處可感受店家貼心的安排。而近年來到花蓮的外籍旅客愈來愈多，老邵餐館除了設計英語菜單，同時也通過行政院研考會認證評核，得到英語服務銀質獎標章，能服務更多不同地方的旅客，把花蓮的食物特色及風景之美，讓更多人知道。

➡ 美味路標

🏠 花蓮縣花蓮市三民街 3-2 號（三民店）
☎ (03) 834-0858
⏱ 11:00 ～ 14:00；17:00 ～ 20:30
💲 平均每人約 200 ～ 300 元，合菜 2500 ～
　 5500 元
💳 不可刷卡
🌐 www.038340858.com

老饕推薦

臘肉炒餅

邵士金小時候住眷村，媽媽們會將吃不完的烙餅拿來和當天家裡其他的菜炒在一起，再吃不完就當餃子餡。因此他以回憶做出這一道臘肉炒餅。將烙餅切成如麵條的絲狀，與臘肉、蒜苗、高麗菜一起炒，吃起來餅 Q 肉滑嫩。花博期間，老邵餐館在園區設點，這道菜也是大受歡迎。

蔥油餅

手工製作的蔥油餅，是位熱情的常客老伯伯主動傳授作法的。外觀和大小酷似一般北方的大蔥油餅，但煎餅技術十分講究，必須外皮酥脆，內層保有麵香，還帶著些許油滋滋的口感，層次豐富，也是饕客的必點菜色。

蟹黃海鮮煲

選用花蓮當地海鮮，如透抽和剝殼蝦仁，加上蟹黃、蛤仔、鮮蚵……等材料後，與以海鮮提味的湯頭一起熬煮。上桌時中等大小的陶鍋裡，好料滿滿，香氣醇厚，不但可當湯喝，拌飯吃也很滿足。

酸高麗梅花肉

店家選用海拔 800 ～ 1200 公尺生長的高麗菜，取其脆度夠，手工醃製成酸高麗菜。將酸高麗菜與梅花肉拌炒，以適量蔥、薑、辣椒調味。酸辣有致，香而不鹹，是道很下飯的料理。

北部地區

南部地區

尋味
台灣74+ 好食餐館

作　　者　中衛發展中心 台灣美食推動服務團隊
地　　址　台北市中正區杭州南路一段 15-1 號 3 樓

發 行 人　谷家恆
總 編 輯　蘇錦夥
副總編輯　張維華
總 審 校　陳明禮
主　　編　李瓊瑤
文字採訪　翁瑞祐、徐詩淵
企劃編輯　卓依儒、簡琇瑩、林家慈
責任編輯　台灣美食推動服務團隊
美術設計　潘大智、劉旻旻
封面設計　潘大智

出版單位　橘子文化事業有限公司
設計印製　橘子文化事業有限公司
地　　址　106 台北市安和路 2 段 213 號 4 樓
電　　話　(02) 2377-4155

總 代 理　三友圖書有限公司
地　　址　106 台北市安和路 2 段 213 號 4 樓
電　　話　(02) 2377-4155
傳　　真　(02) 2377-4355
E — mail　service@sanyau.com.tw
郵政劃撥　05844889 三友圖書有限公司

總 經 銷　大和書報圖書股份有限公司
地　　址　新北市新莊區五工五路 2 號
電　　話　(02) 8990-2588
傳　　真　(02) 2299-7900

初　　版　2014 年 3 月
定　　價　新臺幣 290 元
I S B N　978-986-6062-76-6　（平裝）

國家圖書館出版品預行編目 (CIP) 資料

尋味。台灣 74+ 好食餐館 / 中衛發展中
心，台灣美食推動服務團隊作. -- 初版.
-- 台北市：橘子文化，2014.03
　面；　公分
　ISBN 978-986-6062-76-6(平裝)

1. 餐飲業 2. 餐廳 3. 臺灣

　　　483.8　　　　　102028046

SAN YAU
http://www.ju-zi.com.tw
三友圖書
友直 友諒 友多聞

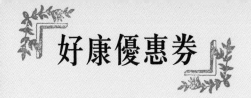

好康優惠券

京悅港式飲茶
憑券於店內消費滿 1000 元可折抵 200 元
使用期限至 2015 年 12 月 31 日止
《尋味。台灣 74+ 好食餐館》橘子文化出版

Toros 鮮切牛排（士林店）
憑券消費即送「主廚私房菜」乙份
使用期限至 2014 年 12 月 31 日止
《尋味。台灣 74+ 好食餐館》橘子文化出版

府城食府
憑券消費贈送「府城炸蝦捲」乙份
使用期限至 2015 年 12 月 31 日止
《尋味。台灣 74+ 好食餐館》橘子文化出版

三太養生鐵板燒
憑券消費可享 95 折優惠
使用期限至 2015 年 12 月 31 日止
《尋味。台灣 74+ 好食餐館》橘子文化出版

東大門韓國燒肉料理館
憑券消費贈送「玫瑰松阪豬」乙份
使用期限至 2015 年 12 月 31 日止
《尋味。台灣 74+ 好食餐館》橘子文化出版

小銅板牛排餐廳（中山店）
憑券消費即贈「主廚私房菜」乙份
使用期限至 2014 年 12 月 31 日止
《尋味。台灣 74+ 好食餐館》橘子文化出版

芭達桑原住民人文主題餐廳
憑券消費每桌送「招牌菜或伴手禮」乙份
使用期限至 2015 年 12 月 31 日止
《尋味。台灣 74+ 好食餐館》橘子文化出版

水相餐廳
憑券消費可享 95 折優惠
使用期限至 2015 年 12 月 31 日止
《尋味。台灣 74+ 好食餐館》橘子文化出版

金竹味餐廳
憑券來店用餐即贈「精緻甜點」乙份
使用期限至 2015 年 12 月 31 日止
《尋味。台灣 74+ 好食餐館》橘子文化出版

永豐棧酒店（風尚西餐廳）
平日憑券消費可享 9 折＋原價 10%
使用期限至 2015 年 12 月 31 日止
《尋味。台灣 74+ 好食餐館》橘子文化出版

金色三麥（台北誠品酒窖店）
憑券贈送「350CC 金色三麥現釀啤酒」乙杯
使用期限至 2015 年 12 月 31 日止
《尋味。台灣 74+ 好食餐館》橘子文化出版

老邵餐館
憑券消費滿 500 元送「小菜捲」乙份
使用期限至 2015 年 12 月 31 日止
《尋味。台灣 74+ 好食餐館》橘子文化出版

金都餐廳
憑券來店用餐即免費贈送「精緻甜點」乙份
使用期限至 2015 年 12 月 31 日止
《尋味。台灣 74+ 好食餐館》橘子文化出版

度小月（台北永康店）
憑券消費贈「祖傳肉燥飯（小碗）」乙碗
使用期限至 2015 年 12 月 31 日止
《尋味。台灣 74+ 好食餐館》橘子文化出版

紅巢燒肉工房
憑券消費可享 95 折優惠
使用期限至 2015 年 12 月 31 日止
《尋味。台灣 74+ 好食餐館》橘子文化出版

紅豆食府（民生會所）
憑券消費即贈「上海精製招牌點心」乙份
使用期限至 2014 年 12 月 31 日止
《尋味。台灣 74+ 好食餐館》橘子文化出版

瑞德餐廳
憑券消費午、晚餐套餐可享 95 折優惠
使用期限至 2015 年 12 月 31 日止
《尋味。台灣 74+ 好食餐館》橘子文化出版

香米泰國料理
憑券消費可享 9 折優惠
使用期限至 2015 年 12 月 31 日止
《尋味。台灣 74+ 好食餐館》橘子文化出版

梨子咖啡館（中科店）
憑券消費送「私房手工奶酪」乙份
使用期限至 2014 年 6 月 30 日止
《尋味。台灣 74+ 好食餐館》橘子文化出版

注意事項
- 此券優惠限使用乙次，不得複印
- 本券不得兌換現金或找零，每次限用乙張
- 不適用外帶，且不得與其他優惠同時使用

地點：台中市北區三民路三段 179 號 12 樓
電話：(04) 2223-3919

注意事項
- 此券優惠限使用乙次，不得複印

地點：台南市安平區華平路 152 號
電話：(06) 295-1000

注意事項
- 此券優惠限使用乙次，不得複印
- 餐點限內用，請先出示優惠券
- 所有優惠不合併使用

地點：台北市士林區中正路 185 號
電話：(02) 2883-0366

注意事項
- 此券優惠限使用乙次，不得複印

地點：台南市安平區永華路二段 131 號
電話：(06) 293-5118

注意事項
- 此券優惠限使用乙次，不得複印
- 服務費、酒水不折扣

地點：台北市信義區信義路四段 450 巷 9 號 2 樓
電話：(02) 8788-3839

注意事項
- 此券優惠限使用乙次，不得複印

地點：新北市八里區觀海大道 111 號
電話：(02) 2610-5300

注意事項
- 此券優惠限使用乙次，不得複印
- 餐點限內用，請先出示優惠券
- 所有優惠不得合併使用

地點：台北市中山區中山北路二段 112 號 2 樓
電話：(02) 2536-7553

注意事項
- 此券優惠限使用乙次，不得複印
- 每桌限贈送乙道
- 團體 & 旅行社不適用

地點：南投縣竹山鎮集山路二段 400 號
電話：(049) 262-2289

注意事項
- 此券優惠限使用乙次，不得複印

地點：台中市西屯區惠中路一段 117 號
電話：(04) 2258-1616

注意事項
- 此券優惠限使用乙次，不得複印
- 限週一～週四內用使用

地點：台北市信義區松高路 11 號 B1
電話：(02) 8789-5911

注意事項
- 此券優惠限使用乙次，不得複印
- 國定例假日、特殊節慶假日，不適用此優惠
- 不得與其他優惠併用

地點：台中市西屯區台灣大道二段 689 號
電話：(04) 2326-8008 轉風尚西餐廳

注意事項
- 此券優惠限使用乙次，不得複印
- 每桌限贈送乙道
- 團體 & 旅行社不適用

地點：南投縣埔里鎮信義路 236 號
電話：(049) 299-5096

注意事項
- 此券優惠限使用乙次，不得複印

地點：花蓮縣花蓮市三民街 3-2 號
電話：(03) 834-0858

注意事項
- 此券優惠限使用乙次，不得複印

使用地點：台中市西屯區惠中路一段 117 號
連絡電話：(04) 2259-0089

注意事項
- 此券優惠限使用乙次，不得複印
- 此優惠限於台北永康分店使用

地點：台北市大安區永康街 9-1 號
電話：(02) 3393-1325

注意事項
- 此券優惠限使用乙次，每桌限用乙張，不得複印
- 早餐、酒水、國定假日、特殊節慶不適用，以餐廳公告為主
- 此優惠不適用於 10% 服務費，亦不得與其他優惠或餐券併用

地點：高雄市左營區博愛三路 101 號
電話：(07) 348-1069

注意事項
- 此券優惠限使用乙次，不得複印
- 此優惠限於紅豆食府民生會所使用

地點：台北市中山區民生東路三段 129 號 B1
電話：(02) 8770-6969

注意事項
- 此券優惠限使用乙次，不得複印
- 此券不適用於外帶

地點：台中市西屯區玉門路 370 巷 28 號
電話：(04) 2461- 0399

注意事項
- 此券優惠限使用乙次，不得複印
- 週一至週五商業午餐不在此折扣範圍內

地點：台北市大安區復興南路一段 36-6 號 1 樓
電話：(02) 2731-7309

淺嚐時尚料理廚房

憑券消費每桌送「戀戀木瓜香」乙份

使用期限至 2014 年 12 月 31 日止

《尋味。台灣 74+ 好食餐館》橘子文化出版

寬心園精緻蔬食（新竹竹北店）

憑券點用套餐，即贈「三杯杏鮑菇」乙份

使用期限至 2015 年 12 月 31 日止

《尋味。台灣 74+ 好食餐館》橘子文化出版

勝洋水草餐廳

憑券點套餐不收 10% 服務費，
另送水草木質明信片乙張

使用期限至 2015 年 12 月 31 日止

《尋味。台灣 74+ 好食餐館》橘子文化出版

鄧師傅功夫菜

憑券來店消費滿 350 元送
「鄧師傅桂花酸梅湯」乙瓶

使用期限至 2015 年 12 月 31 日止

《尋味。台灣 74+ 好食餐館》橘子文化出版

晶湯匙泰式主題餐廳（SOGO 復興店）

憑券消費即贈「香酥蝦片」乙份

使用期限至 2015 年 12 月 31 日止

《尋味。台灣 74+ 好食餐館》橘子文化出版

礀同燒肉

憑券消費贈送招牌甜點「起司地瓜」乙份

使用期限至 2015 年 12 月 31 日止

《尋味。台灣 74+ 好食餐館》橘子文化出版

華味香鴨肉羹（新進店）

憑券消費每桌可享套餐優惠價 120 元
（原價 150 元）

使用期限至 2015 年 12 月 31 日止

《尋味。台灣 74+ 好食餐館》橘子文化出版

豐饌魚翅

憑券消費皆享 95 折，
另招待「客家小炒」乙份

使用期限至 2015 年 12 月 31 日止

《尋味。台灣 74+ 好食餐館》橘子文化出版

銘師父餐廳

憑券每桌消費即贈送「季節小菜」乙份

使用期限至 2015 年 12 月 31 日止

《尋味。台灣 74+ 好食餐館》橘子文化出版

點水樓（南京店）

憑券來店消費即送「小籠包（5 小顆）」乙籠

使用期限至 2015 年 12 月 31 日止

《尋味。台灣 74+ 好食餐館》橘子文化出版

菊鶴四季海鮮料理

憑券每桌消費即送「日式揚出豆腐」
小菜乙份

使用期限至 2015 年 12 月 31 日止

《尋味。台灣 74+ 好食餐館》橘子文化出版

女兒紅婚宴會館

憑券外帶商品 9 折，水餃、蘿蔔糕、
版元（需 3 天前預訂）

使用期限至 2014 年 12 月 31 日止

《尋味。台灣 74+ 好食餐館》橘子文化出版

雅室牛排

憑券點爐烤美國頂級黑牛肋排 12oz 套餐，
可免費將牛排升級為 16oz

使用期限至 2015 年 12 月 31 日止

《尋味。台灣 74+ 好食餐館》橘子文化出版

阿霞飯店

憑券訂桌消費每人低消 500 元，
即招待「招牌甜湯」乙份

使用期限至 2014 年 12 月 31 日止

《尋味。台灣 74+ 好食餐館》橘子文化出版

滬舍餘味餐館

憑券滿百元贈送「桂花冰鎮酸梅汁」
乙杯（市價 40 元）

使用期限至 2015 年 12 月 31 日止

《尋味。台灣 74+ 好食餐館》橘子文化出版

心宜草堂

憑券消費滿 500 元即贈「中藥麵」乙份
（約 6 兩）

使用期限至 2015 年 12 月 31 日止

《尋味。台灣 74+ 好食餐館》橘子文化出版

寧波風味小館

憑券買指定伴手禮「寧果泡菜」
5 瓶送 1 瓶

使用期限至 2015 年 12 月 31 日止

《尋味。台灣 74+ 好食餐館》橘子文化出版

赤鬼炙燒牛排專賣店

憑券點用一份主餐即免費招待
「可樂或雪碧」乙瓶

使用期限至 2015 年 12 月 31 日止

《尋味。台灣 74+ 好食餐館》橘子文化出版